Waldmeister

OutdoorHandbuch

Berndt Berglund

Leben in der Wildnis

Vorbereitung · Blockhausbau · Selbstversorgung

Glucke mit ihrem Nachwuchs beim Sandbaden

Leben in der Wildnis

Der Verlag ist für Lesertipps und Verbesserungen (besonders per E-Mail) unter Angabe der Auflagen- und Seitennummer dankbar.

Dieses OutdoorHandbuch hat 128 Seiten mit 5 farbigen Abbildungen und 25 farbigen Illustrationen. Es wurde auf chlorfrei gebleichtem Papier gedruckt, in Deutschland klimaneutral hergestellt und transportiert und wegen der größeren Strapazierfähigkeit mit PUR-Kleber gebunden.

Dieses Buch ist im Buchhandel und in Outdoor-Läden erhältlich und kann im Internet oder direkt beim Verlag bestellt werden.

OutdoorHandbuch aus der Reihe „Basiswissen für draußen“, Band 22

ISBN 978-3-86686-526-6 8. Auflage 2016

Dieses OutdoorHandbuch wurde konzipiert und redaktionell erstellt vom Conrad Stein Verlag GmbH, Kiefernstraße 6, 59514 Welver,
☏ 023 84/96 39 12, FAX 023 84/96 39 13,
info@conrad-stein-verlag.de, www.conrad-stein-verlag.de

 Werden Sie unser Fan: www.facebook.com/outdoorverlage

Text: Berndt Berglund
Übersetzung: Kare Ahlschwede & Alexandra Wings
Überarbeitung „Arbeiten im Gemüsegarten“: Kare Ahlschwede
Redaktionelle Mitarbeit Biologie und Bienen: Rainer Mareik
Titelbild: © dplett/Fotolia
Illustrationen: E. B. Sanders
farbige Gestaltung der Illustrationen: Annalena Kunter
Lektorat: Kerstin Becker
Fotos und Layout: Manuela Dastig

Gesamtherstellung: Werbedruck GmbH, Horst Schreckhase

Titel der kanadischen Originalausgabe „*Wilderness Living - A complete Handbook and Guide to Pioneering in North America*“

Inhalt

Ein Traum

Ist es die Angst vor Rezession oder sozialen Unruhen, die die Menschen aus den Städten treibt, oder sind sie es leid, von Einflussreicheren herumgestoßen zu werden?

Nach den Briefen zu urteilen, die ich erhalte, ist es weder das eine noch das andere. Ich glaube, dass ein natürlicher Wunsch nach einem eigenen Stück Land, egal wie klein, junge und nicht-mehr-ganz-junge Menschen dazu bewegt, für sich und ihre Familie Sicherheit und Schutz in Form einer eigenen Wohnung, eigener Nahrung, Energie und unvergifteten Wassers zu suchen.

Wer könnte die Romantik des Wohnens in einer Blockhütte oder die Ruhe und Unbeschwertheit des Lebens auf einer kleinen Farm oder einem Einsiedlerhof leugnen?

Viele stadtmüde Menschen wollen nichts mehr mit Stempeluhren in Büro oder Fabrik zu tun haben. Sie müssen aber schnell feststellen, dass ein Leben in der Wildnis höhere Anforderungen stellt als ein Arbeitgeber in der Stadt. Natur und Wetter warten nicht, bis Ihnen das Säen oder Pflanzen in den Kram passt. Solche Arbeiten müssen auch sonntags erledigt werden, denn schon morgen könnte es regnen.

Meine Frau und ich planten viele Jahre, die Stadt zu verlassen, doch jahrelang blieb es beim Träumen und Reden. Unsere Träume nahmen Gestalt an, als ich an einem heißen Julitag in meinem klimatisierten Büro hinter dem Schreibtisch saß und dem Hausmeister zusah, der vor meinem Fenster den Rasen mähte.

Plötzlich gab es einen Knall und Scherben fielen zu Boden - der Rasenmäher hatte einen Stein erfasst und durch die Scheibe geschleudert. Der himmlische Duft frisch geschnittenen Grases kam durch das kaputte Fenster herein und weckte Erinnerungen an den Bauernhof, auf dem ich aufgewachsen war. Ich sah mich inmitten weiter Felder voll wohlriechenden Klees. Die Erinnerung an den Duft von frischem Heu vermischte sich mit dem Geruch, der nun durch das Fenster hereinkam, und erzeugte unvermittelt in mir den brennenden Wunsch, die Papierstapel weit hinter mir zu lassen ...

Der Traum wird wahr

Noch am selben Abend sprachen wir wieder über den Kauf eines Bauernhofs. Zu meiner Überraschung war meine Frau begeistert. Doch bald kamen mir Zweifel - auch wenn ich jahrelang in die Wildnis gereist war und dort gezeltet hatte, war es doch schon viele Jahre her, dass ich etwas mit Landwirtschaft zu tun gehabt hatte.

Wir würden uns im Lebensstil anpassen müssen. Vor allem konnten wir nicht mehr mit meinem Gehalt rechnen, das aufs Konto kam, ohne sich um Dürre oder Frost zu kümmern.

Würden wir die Einsamkeit des Abgeschnittenseins von allen Dienstleistungen der Stadt nach einem Schneesturm ertragen oder das sauber verpackte Fleisch und Gemüse aus dem Supermarkt vermissen? Könnten wir mit ansehen, wie die Lieblingskuh oder Henne geschlachtet wird und sie anschließend essen? Wäre meine Frau auch bereit, an einem kalten Morgen hinauszugehen, um das Feuer im Brotofen wieder anzufachen? Wie kämen wir in der Enge einer kleinen Hütte während der Zeit zurecht, in der unser eigentliches Wohnhaus noch nicht fertiggestellt sein würde - ohne Radio, ohne Fernsehen und Lesen der Bücher beim Licht einer Petroleumlampe?

Bald ließ ich mich von der Begeisterung meiner Frau anstecken, auch wenn sich ihre landwirtschaftlichen Erfahrungen auf ein paar Ferienaufenthalte auf der Farm ihres Großvaters beschränkten.

Ich versuchte sie etwas zu bremsen, aber kein Mittel half. „Wie schön muss es sein, kilometerweit vom nächsten Nachbarn und allen stark befahrenen Straßen entfernt zu wohnen“, sagte sie oft. „Stell’ Dir vor, wie schön es ist, die paar Kilometer mit Schneeschuhen zu laufen, um sich beim Nachbarn das Lampenpetroleum zu borgen, das man beim letzten Einkauf vergessen hat“, antwortete ich dann.

„Ach was“, kam es zurück, „wir können uns auch mal für eine Nacht vor dem Kamin zusammenrollen. Deine Augen brauchen sowieso Ruhe.“

Manchmal wurde ich gefragt: „Was ist los mit Dir? Du bist auf einem Bauernhof geboren und aufgewachsen, Du wirst das Notwendige schon wissen.“ Vielleicht war das mein Problem. Ich wusste aus

Erfahrung, was es bedeutet, von Sonnenaufgang bis Sonnenuntergang körperlich schwer zu arbeiten - und danach noch ein bisschen bei Lampenlicht.

Zu den Aufgaben in meiner Jugend gehörten nicht nur die üblichen Arbeiten im Zusammenhang mit Kühen, Schafen, Schweinen, Pferden, Geflügel und Bienen, sondern auch das Einmachen und Konservieren von Lebensmitteln, die Herstellung von Seife, Kerzen und Wein sowie das Räuchern von Fleisch und Wurst. In der Tat unterschieden sich meine Erfahrungen mit dem Landleben nur geringfügig von denen der frühen amerikanischen Siedler, da mein Großvater der Meinung war, dass ein Bauernhof seine Bewohner vollständig mit allem versorgen müsse. Nur Salz und Gewürze, Kaffee und Tee wurden in einem Laden gekauft.

Schon sehr früh brachte man mir bei, wie man Werkzeuge herstellt und Möbel repariert, Gebäude baut und die alten instand hält. Nägel und Metallteile lieferte der Dorfschmied, Stiefel und Lederwaren dagegen machten und reparierten wir in der freien Zeit der langen Wintermonate selbst. Wolle und Leinen wurden gekämmt, gesponnen und gewoben.

Es war harte Arbeit - aber, fragte ich mich, hatte ich denn in diesen Jahren gelitten? Die Antwort war ein eindeutiges Nein.

Wir nahmen uns und unser selbstsüchtiges, sinnleeres Städterdasein unter die Lupe und erkannten, dass unsere Lebenserwartung von Luftverschmutzung, Mangel an Sonnenschein und an Bewegung verkürzt wurde. Wir beschlossen, der Stadt den Rücken zu kehren.

Die Entscheidung fiel nicht leicht, doch sobald wir sie gefällt hatten, schien die Vorfreude uns in der folgenden Zeit des Planens und Träumens recht zu geben.

Nach zahllosen Wochenenden, an denen wir immer neue Entdeckungen gemacht hatten, fanden wir heraus, dass wir offenbar unsere Hausaufgaben nicht richtig gemacht hatten. Wir fragten uns, wonach wir eigentlich genau suchten. Welche Anforderungen mussten wir an das in Frage kommende Land stellen? Was wollten wir auf dem Hof tun?

Das Anwesen muss den Erfordernissen einer grundsätzlichen Planung entsprechen.

Es soll den angebauten Pflanzen und gehaltenen Tieren angemessen sein. Es genügt definitiv nicht, dass es einem einfach nur gefällt. Entscheiden Sie sich, ob Sie Einsamkeit oder dörfliche Gemeinschaft vorziehen. Um dem unerfahrenen Landkäufer zu helfen, sind im Folgenden einige Fragen aufgeführt, die man sich stellen sollte, bevor man überhaupt mit der Suche beginnt.

- ▷ Wollen Sie Einsamkeit oder Kontakt zu einer bereits bestehenden Gemeinschaft?
- ▷ Wie weit ist es bis zum nächsten Arzt bzw. zum nächsten Krankenhaus?
- ▷ Wo können Sie die notwendigen Einkäufe erledigen?
- ▷ In welchem Zustand sind die Straßen der Umgebung a) generell, b) im Winter und c) im Frühling?
- ▷ Gibt es in der Nähe einen Markt für Ihre Produkte?
  Ob Sie wollen oder nicht - Sie werden auch in Ihrem neuen Leben ein Minimum an Bargeld benötigen.

Zwei weitere wichtige Punkte: Stellen Sie sicher, dass Sie über ausreichende finanzielle Mittel verfügen, Erfolg oder Misserfolg hängen letztlich auch davon ab. Außerdem sollten Sie sich mit Leuten in der Gegend unterhalten, in der Sie sich niederlassen wollen, und deren Ratschläge ernst nehmen. Was sie Ihnen zu sagen haben, wiegt weit mehr als die Tipps aller Handbücher zusammen.

Im nächsten Schritt müssen Sie entscheiden, welche Art von Land Sie brauchen und welche Anforderungen Sie daran stellen werden. Der grundlegende Plan für unser Land basierte auf unserem Wunsch nach Selbstversorgung. Wir wollten es sowohl kultivieren als auch die schon dort wachsenden wilden Pflanzen nutzen. Wir wollten so wenig Lebensmittel wie möglich dazukaufen müssen und wir wollten uns mit eigenem Brennholz versorgen können. Unseren grundsätzlichen Überlegungen zufolge benötigten wir 25 bis 50 ha, um all dies zu verwirklichen. Idealerweise müsste etwa die Hälfte unbewaldet und der Rest mit Bäumen bestanden sein.

Eines Abends nach einem frustrierenden Wochenende, an dem wir verlassene Farmen und Land besichtigt hatten, fuhren wir auf Nebenstraßen nach Hause. Plötzlich sahen wir an einem Baum ein Verkaufsschild. Merkwürdigerweise hatten wir beide sofort das Gefühl „Das muss es sein!“ Aber was war es? So spät am Abend konnten wir weder mit dem Besitzer noch mit dem Makler in Kontakt kommen. Auch sah das Schild so aus, als hinge es schon seit Jahren dort. War das Land vielleicht schon verkauft und hatte man nur vergessen, das Schild abzunehmen? Wie groß war das Grundstück überhaupt?

Wir verbrachten eine schlaflose Nacht, und ich konnte kaum erwarten, dass das Maklerbüro endlich aufmachen würde. Montagmorgen Punkt 9:00 rief ich an. Der Makler hatte das Gelände, das ich ihm beschrieb, schon fast vergessen und besaß auch keine Unterlagen mehr darüber. Nein, er konnte mir auch nicht sagen, ob es in der Zwischenzeit verkauft worden sei. Allerdings gab er mir eine neue Telefonnummer.

Nach vielen weiteren Telefongesprächen gelang es mir schließlich, den Besitzer ausfindig zu machen. Ja, er würde uns am nächsten Wochenende treffen und uns das Grundstück zeigen. Immerhin war es also noch nicht verkauft. Außerdem erfuhren wir, dass es sich um eine verlassene Farm handelte, die seit über 50 Jahren nicht bewirtschaftet worden war. Die Fläche: 33 ha - mehr oder weniger. Wir lernten später, dass solche Größenangaben bei Farmen immer mit dem Zusatz „mehr oder weniger“ versehen wurden.

Am folgenden Sonnabend waren wir an der verabredeten Stelle und warteten auf den Besitzer. Halb zehn hatten wir ausgemacht, halb zehn kam und verstrich, desgleichen halb elf. Unsere Hoffnungen waren auf den Nullpunkt gesunken. Wir wussten auch nicht, dass dies nur die erste von vielen langen Wartezeiten und Enttäuschungen sein würde. Das Landleben ist gemächlich ...

Schließlich kam der Eigentümer doch noch. Nachdem er sich vorgestellt hatte, begann er, uns das Gelände zu beschreiben. Es lag zwischen zwei Feldwegen, war etwa 1.200 m lang und 300 m breit, jedoch konnten wir es nicht in ganzer Länge begehen, da es von einer Reihe von Biberdämmen in zwei Hälften geteilt wurde.

Der vordere Teil war teilweise gerodet, da hier vor vielen Jahren Ackerbau betrieben worden war. Von der früheren Siedlung war nur die Ruine eines Blockhauses übriggeblieben, nicht mehr als ein Haufen Holz. Den natürlichen Kiefernwald hatte man Ende des vorigen Jahrhunderts gerodet und stattdessen Kulturarten angepflanzt.

Als wir durch den Wald gingen, konnten wir die Überreste der Arbeit der frühen Siedler entdecken: große Steinhaufen und Steinwälle, die nun völlig deplatziert wirkten.

Schließlich kamen wir zu den Biberteichen, wo diese kleinen Ingenieure des Waldes fleißig reparierten und auch andere Waldtiere zu sehen waren. Wir waren begeistert von unserem Fund.

Zuletzt zeigte uns der Besitzer den hinteren Teil des Grundstücks. Was für eine Überraschung. Aus irgendeinem Grunde hatte die Natur beschlossen, die Biberteiche auf die Grenze zwischen Laub- und Nadelwald zu legen. Tausende von Zuckerahornbäumen, durchsetzt mit Birken und Eichen, bedeckten diesen Teil.

Ich fragte mich, wie viel Glück man eigentlich haben kann. Und würden wir dieses Paradies bezahlen können? Der Farmer war ein geborener Geschäftsmann - er hatte nicht einmal etwas über den Preis gesagt. Als er ihn nannte, war er hoch.

Dennoch machte ich ein Angebot und noch eines. Beide wurden abgelehnt, und ich begrub meine Träume schon, als ich einen unerwarteten Anruf von dem Eigentümer bekam. Er fragte mich, ob ich irgendwelche Bäume fällen wolle. Als ich ihn davon überzeugt hatte, dass ich so viele stehen lassen würde wie möglich, sagte er, dass er mein letztes Angebot annehmen würde - 20 % unter dem ursprünglichen Preis. An jenem Abend wurde in unserem Haus gefeiert.

Vorbereitung

Da wir nicht recht wussten, was wir auf unserem Land würden anbauen können, statteten wir der örtlichen Landwirtschaftsberatungsstelle einen Besuch ab. In den meisten Staaten und Ländern gibt es solche Institutionen mit hervorragendem Personal, um Menschen in unserer Situation zu beraten.

Als wir gingen, waren wir beladen mit kostenlosen Broschüren und Anleitungen. Wir nahmen später Bodenproben und schickten sie zur Untersuchung ein.

Bodenbedingungen

Während vieler Fahrten über Land habe ich gesehen, wie Menschen versuchten, die Natur zu etwas zu zwingen, und stellte jedes Mal fest, dass solche Versuche zum Scheitern verurteilt sind. Die meisten Böden können eine ganze Palette von Obst- und Gemüsearten tragen. Böden sind weitgehend tolerant und anpassungsfähig, aber bestimmte Kulturpflanzen stellen spezielle Ansprüche, die man besser nicht ignorieren sollte. Kernobst dagegen, wie z.B. Äpfel, Birnen, Pflaumen und Beerensträucher wachsen sowohl auf sandigen als auch auf lehmigen Böden gut.

☺ Wenn Sie sich spezialisieren wollen, sollten Sie sicherstellen, dass die Bodeneigenschaften und klimatischen Voraussetzungen geeignet sind. Nehmen Sie sich die Zeit, alles über Ihr angestrebtes Spezialgebiet zu lesen, was Sie finden können.

Machen Sie einen Plan

Bauen Sie so schnell wie möglich eine vorläufige **Unterkunft**, z.B. eine einfache Blockhütte. Nun ist es an der Zeit, Ihre Ideen und Träume zu Papier zu bringen: grobe Grundrisse der geplanten Gebäude, Wege und Gartenflächen, die Sie anlegen wollen, und ein Nutzungsplan für das gesamte Land.

Wenn Sie die meisten Arbeiten selbst durchführen, sollten Sie einen Zeitplan für die verschiedenen Vorhaben aufstellen - aber lassen Sie sich für die einzelnen Punkte jede Menge Zeit zur Durchführung. Nach meiner Erfahrung dauert alles immer länger, als man zunächst kalkuliert.

Sollten Sie die Hilfe eines Nachbarn fest einplanen, bedenken Sie, dass Leute auf dem Lande etwas anders verfahren als Stadtmenschen. Wenn er sagt, er wird nächste Woche kommen, meint er, er kommt, wenn er nicht mit Pflanz-, Ernte- oder Holzfällerarbeiten irgendwo anders beschäftigt ist. Ihre Termine könnten sich auch mit seinem Jagdausflug oder anderen Veranstaltungen überschneiden. Er meint letztlich: Er kommt, wenn er gerade nichts anderes zu tun hat.

Wir lernten das durch bittere Erfahrung. Unser Helfer versprach, unser Fundament im Oktober auszuschachten. Er kam erst Mitte November und erklärte, als wir ihn deswegen zur Rede stellten, dass er seinen Jagdausflug nicht ausfallen lassen konnte, da er das Fleisch für den Winter bräuchte.

Unser erstes großes Vorhaben war eine Bestandsaufnahme dessen, was sich auf unserem Grundstück befand. Und ich meine alles - Wildtiere, Wildblumen, Bäume, Büsche, Steine und Gräser.

Zu diesem Zweck unterteilten wir die Fläche in Quadrate von etwa 30 m Seitenlänge. Dann fingen wir in einer Ecke an und arbeiteten uns Stück für Stück voran. Es mag vielleicht überflüssig erscheinen, doch glauben Sie mir: Sie lernen durch eine solche Inventur mehr über Ihren Boden und die Bedingungen als durch 100 Bodenproben, die Sie im Labor untersuchen lassen.

Stützen Sie sich auf Ihre Beobachtungen in Verbindung mit den Ergebnissen der chemischen Analysen und Sie werden recht genau wissen, wie Sie die bestehenden Verhältnisse zu Ihren Gunsten nutzen können, indem Sie die Pflanzen richtig auswählen, die Sie anbauen wollen. Außerdem werden Sie in kurzer Zeit Ihr Land gut kennenlernen: Auf nur einem Morgen, der im Laufe der Zeit zu einem Rasen wurde, fanden wir mehr essbare Pflanzen, als wir hätten verwenden können. In einer Ecke in der Nähe der alten Siedlung standen sogar fast 50 Obstbäume.

Das Pflanzen und Beschneiden von Bäumen

Der ursprüngliche Obsthain war sicherlich sehr sorgfältig angelegt worden, jedoch hatten sich durch natürliche Vermehrung Hunderte von neuen Bäumen dazugesellt, die nun kreuz und quer wucherten. Wir beschlossen, den alten Hain beizubehalten und die überzähligen neuen Bäume und jene alten zu entfernen, die auch durch Beschneiden nicht mehr zu retten waren. Das würde wohl eine leichte Aufgabe sein - glaubten wir wenigstens. Schnell stellten wir fest, welch gigantischen Arbeitsaufwand es bedeutete, den Obstgarten wieder nutzbar zu machen. Das größte Problem waren die empfohlenen Pflanzenabstände, da auch die dazwischen stehenden Bäume mittlerweile gut verwurzelt waren. Der optimale Pflanzenabstand für übliche Sorten beträgt bei Äpfeln 10 bis 12 m, bei Birnen und Pflaumen 6 bis 7 m und bei Kirschen 9 bis 11 m. Diese Zahlen sind jedoch nur grobe Anhaltspunkte.

Ein erfahrener Nachbar kam eines Tages vorbei, als ich gerade mehrere Bäume versetzte. Nach einem Augenblick sagte er: „Misch' nicht den Mutterboden mit Sand!" Es ist wichtig, den Mutterboden zuerst in die Grube zurückzuschaufeln, da er nährstoffreicher ist und den Wurzeln in der ersten Zeit quasi als Starthilfe zur Verfügung stehen sollte. Mir wurde außerdem beigebracht, jeweils nur eine Grube zur Zeit auszuheben, da sonst der Boden schon ausgetrocknet ist, bevor das eigentliche Pflanzen beginnt.

Schneiden Sie vor dem Einpflanzen tote, gebrochene und beschädigte Wurzelenden ab. Treten Sie den Boden im Bereich der Wurzel gut fest, aber schütten Sie die oberste Schicht nur locker auf und lassen Sie rund um den Stamm eine flache Mulde bestehen, um im ersten Sommer das abfließende Regenwasser besser auszunutzen.

Der unterste Ast sollte in die vorherrschende Windrichtung zeigen und der ganze Baum leicht in diese Richtung geneigt sein, damit er später im fertigen Hain aufrecht steht. Es ist ebenfalls wichtig, gleich mit dem Baum irgendeinen Schutz gegen Wühlmäuse und Kaninchen etwa 50 bis 80 cm tief und rundherum in den Boden einzulassen. Das kann ein mit Glasscherben, Schrott, Konservenbüchsen usw. gefüllter schmaler Graben von 40 cm Tiefe sein, oder ein 60 cm breiter

Maschendraht, der L-förmig eingegraben werden sollte: der lange Schenkel nach oben, der kurze nach außen.

Kaninchen graben typischerweise senkrecht nach unten, wenn sie auf ein Hindernis stoßen. Sie geben aber auf, wenn auch das nicht geht - weil sie auf den kurzen, waagerechten Schenkel stoßen. Beide Methoden sind im Prinzip sinnvoll, da der Boden in einem Obstbaumbestand normalerweise nach dem Anpflanzen nicht mehr bewegt wird, d.h. die Schutzvorrichtungen behindern die künftige Gartenarbeit nicht.

Unangenehm ist das Beschneiden des neu eingepflanzten Baumes - und zwar deshalb, weil vor dem Pflanzen der Baum noch wie ein Baum aussieht, nach dem Beschneiden aber eher wie ein in die Erde gesteckter Besenstiel. Dennoch ist es unbedingt erforderlich, um ...

- ▷ den Wasserverlust, der durch Verdunstung an den Blättern entsteht, zu verringern,
- ▷ dem Wind in der Anfangszeit des Wachstums die Angriffsfläche zu nehmen und
- ▷ die Verluste im Wurzelsystem zu kompensieren, die entstanden, als der Baum an seinem vorherigen Standort ausgegraben wurde.

☺ Wenn Sie nicht wissen, wie man Bäume beschneidet, sollten Sie diese Arbeit das erste Mal einem Erfahreneren überlassen und ihm genau dabei zusehen oder in einem Gartenbuch nachlesen. Das nächste Mal werden Sie Ihre Bäume bestimmt alleine beschneiden können.

Essbare Früchte, Beeren und Kräuter

Äpfel: Lernen Sie, wie man Äpfel richtig lagert. Kommerziell geschieht das normalerweise in Kühlhäusern bei genau kontrollierter Temperatur und Luftfeuchtigkeit. So versetzt man die Äpfel quasi in einen „Winterschlaf“ und sorgt dafür, dass sie das ganze Jahr über wie frisch gepflückt aussehen.

Himbeeren: Unter den Apfelbäumen fanden wir Büsche wilder Himbeeren, an manchen Stellen so dicht, dass man nicht hindurchgehen konnte. Zuerst schnitten wir die alten, abgestorbenen Ranken heraus. Gleichzeitig entfernten wir alle schwächeren Triebe und verbrannten schließlich alles, was wir abgeschnitten hatten, um Infektionskrankheiten vorzubeugen.

Wilde Johannisbeeren: Verschlungen mit den Himbeeren wuchsen wilde Johannisbeeren, die wir in der gleichen Weise beschnitten. Man sollte das tun, wenn die Pflanzen nicht wachsen, am besten im Januar oder Februar. Die meisten Früchte tragen einjährige Ranken oder kräftige zweijährige mit vielen neuen Trieben.

Die Vermehrung der Johannisbeerbüsche ist einfach: Im Spätherbst schneidet man Stücke von 15 bis 20 cm Länge aus den Trieben des gleichen Jahres, und zwar jeweils 2 cm über bzw. unter einem Knoten, da die neue Pflanze gerade an diesen wieder neue Triebe und Wurzeln entwickeln wird. Die Stecklinge werden im Abstand von 15 cm in einen reichlich feuchten Boden ausgepflanzt, so dass ein bis zwei Knoten herausragen. Schließlich wird mit Stroh „gemulcht".

Mulchen bedeutet, dass in eine flache Mulde rund um die Pflanze Stroh, Heu, welke Blätter usw. gelegt werden. Diese Bodenbedeckung hält Feuchtigkeit, schützt Bodenbakterien vor direkter Sonneneinstrahlung und wird von diesen zu Humus verarbeitet. Nach einem Jahr können die Pflanzen versetzt werden. Auf diese kostensparende Weise können auch viele Kulturpflanzen vermehrt werden.

Wilde Erdbeeren: An den unbeschatteten Stellen unseres Obsthains wachsen wilde Erdbeeren. Solche wilden Beeren sind nicht so groß wie die der Kultursorten, dafür schmecken und riechen sie intensiver. Nach unserer Erfahrung werden die Beeren durch konsequentes Unkrautjäten, Gießen mit Regenwasser und Düngung mit Kuhmist größer. Wir rühren einen flüssigen Dünger mit drei bis vier Forken Kuhmist in einer alten Badewanne an und lassen die „Brühe" etwa eine Woche stehen. Die Düngung mit Stallmist wiederholen wir monatlich.

Goldrute: Auf unserem Grundstück wächst eine Menge Goldrute. Im Herbst sammeln wir die Blüten, um davon im Winter Tee zuzubereiten. Zwar reagieren viele Menschen allergisch auf den Blütenstaub, der Tee jedoch ist für jedermann gut verträglich und ähnlich stimulierend wie schwarzer Tee.

Löwenzahn: Diese Blume wächst überall und ist im Frühling und Frühsommer eine willkommene Bereicherung unserer Salate. Die gedörrten Wurzeln ergeben einen exzellenten Kaffee-Ersatz. Löwenzahn enthält viel Vitamin A und E - nämlich 25-mal so viel Vitamin A wie eine gleiche Menge Orangensaft und 50-mal so viel wie Spargel. Wegen seines Gehalts an Mineralsalzen hilft er bei Lungentuberkulose und Erkrankungen des Urogenitaltraktes.

Vogelmiere: Diese Pflanze wuchert im Bereich unserer Zäune. Im Frühling schmeckt sie gut in Salaten, im Sommer und Herbst sollte sie gekocht werden.

Wilder Spargel: Die Spitzen des wilden Spargels werden genauso verwendet wie die des Kulturspargels, nur sind sie kleiner - ein Nachteil, den sie durch ihren volleren Geschmack ausgleichen. Sie gedeihen zu Beginn des Frühlings. Die wilde Pflanze wird zur Herzberuhigung verwendet und soll die Entstehung von Nierensteinen verhindern.

Schwarzer Senf: Er wächst auf trockenen, sandigen Böden und ist an seinen hellgelben Blüten leicht zu erkennen. Zu Beginn des Frühlings schmecken die jungen Senfpflanzen sowohl roh in Salaten als auch gekocht in Eintöpfen und Suppen sehr gut. Als Erkältungsmittel ist die Pflanze schon lange als schleimlösend bekannt. Die Indianer Nordamerikas schützten sich vor Erkältungskrankheiten, indem sie ihre Füße in einem schwachen Aufguss von Senfpulver badeten. Sie verrührten dazu einen gehäuften Esslöffel Pulver in einem großen Gefäß mit warmem Wasser und fügten während der Prozedur nach Bedarf heißes Wasser zu.

Breitwegerich: Praktisch an allen sonnigen Stellen, auf Kieswegen oder an Fluss- und Seeufern wächst der Wegerich. Wir verwenden ihn zumeist in Salaten, er ist aber auch ein hervorragender Spinatersatz. Leicht gedämpft, kleingeschnitten und mit einer weißen Sauce stellt er ein königliches Gericht dar. Wegerich wirkt blutstillend und wundheilend. Der Saft lindert den Schmerz bei Verbrennungen und Verbrühungen und fördert die Heilung, stillt den Juckreiz nach Mückenstichen und hilft bei Bienen- und Wespenstichen.

Nachtkerze: Diese auf trockenem, sandigem Boden wachsende Blume ist den meisten Menschen wegen ihrer Blüten bekannt, die sich in der Abenddämmerung öffnen. Sie sind vierblättrig, zerbrechlich gebaut und von blassgelber Farbe. Die gehäuteten Blätter können in grünen Salaten verwendet werden, aber der schmackhafteste Teil der Pflanze sind zweifellos die Wurzeln, die man wie Karotten kochen kann.

Große Klette: Dieses häufige Gewächs bietet in der Küche zahllose Verwendungsmöglichkeiten. Die jungen geschälten Wurzeln stellen, in Scheiben geschnitten, ein außergewöhnlich gutes Suppenkraut dar. Die jungen Triebe können roh oder in Salaten gegessen werden, später im Sommer kocht man die Blätter wie Spinat - sie schmecken auch ähnlich. Klette wirkt schweiß- und harntreibend, viele Rheumatiker und Gallenkranke sehen sie als lindernd an.

Weißer Gänsefuß: Dieser gehörte zu den ersten grünen Pflanzen, die den Siedlern früherer Zeiten nach einem langen Winter ohne Frischgemüse zur Verfügung standen. Zu Beginn des Frühlings kann die ganze Pflanze in Salaten verwendet oder gekocht und kleingeschnitten Saucen beigegeben werden. Die Samen wurden von den Indianern wie Getreide behandelt und z.B. gemahlen zum Backen von Brot und Keksen gebraucht. Ganze Körner im Teig verleihen dem fertigen Brot einen Pumpernickel-Charakter.

Milchkraut: ist ein Sammelbegriff für einige hundert Pflanzen, die einen milchigen Saft haben. Sie werden 60 bis 150 cm hoch und lassen sich leicht an ihren großen, gegenständigen Blättern und ihrem milchigen Saft erkennen. Die jungen Triebe ergeben gewaschen und kleingeschnitten ein gutes Suppenkraut. Später im Sommer können die kleinen Schoten im Ganzen gekocht und als Gemüse gegessen werden. Im Herbst nehme ich gern die Samen heraus und fülle die Schoten nach Art einer Kohlroulade mit Fleisch.

Minze: Diese Pflanze hat viereckige Stängel, einfache gegenständige Blätter, weiße oder purpurne Blüten und einen intensiven Geruch. Durch ihr erfrischendes Aroma ist das Gewächs eigentlich nicht zu verfehlen. Die Blätter können roh oder in Salaten gegessen werden.

Es handelt sich um ein ausgezeichnetes Gewürzkraut für Fleischgerichte aller Art. Yerbabuena, oder „das gute Kraut“, wie die Spanier den Tee der Minze nennen, soll das beste Mittel zur Wiederherstellung sexueller Kräfte überhaupt sein.

Straußfarn: Er bringt Wedel hervor, die kreisförmige Klumpen bilden. Gepflückt werden die Spitzen der Wedel so lange sie noch gerollt sind und rostrot aussehen. Sie können ohne jede Zubereitung gegessen werden. In Salzwasser gekocht und mit Bratenfett serviert sind sie eine Delikatesse.

Portulak: enthält viel Vitamin C und Eisen, war in Persien eine häufige Gemüsepflanze und wurde bereits vor 2.000 Jahren schriftlich erwähnt. Seine fleischigen Stiele mit den zur Spitze hin breiter werdenden Blättern wachsen dicht über dem Boden. Die grünen Teile mit ihrem leicht säuerlichen Geschmack schmecken roh fantastisch und löschen den Durst. Von den Indianern wurde die Pflanze auch in Essig eingelegt.

Sauerampfer: Eine häufige Pflanze, deren pfeilförmige Blätter stark sauer schmecken. Er wurde schon von frühen Siedlern in Suppen, Salaten und zur Herstellung von Getränken verwendet. Ein aus den zerstoßenen Blättern gemachter Umschlag wirkt lindernd und kühlend, er wird deshalb bei Entzündungen angewendet.

Brennnessel: Brennnesselblätter sollten im Frühling kurz nach ihrer Entfaltung gesammelt werden. Indem man sie kurz in kochendes Wasser taucht, „entschärft“ man die Haare, die diese Pflanze ansonsten so brennend unberührbar machen. Gekocht erinnern die jungen Triebe im Geschmack an junge Bohnensprösslinge; blanchierte Nesselschösslinge können Salaten und ganz besonders auch Suppen beigegeben werden. Mit ihrem hohen Gehalt an Mineralstoffen und Vitaminen ist die Brennnessel eines meiner bevorzugten Heilmittel gegen beginnende Erkältungen, daher bereite ich sie als Tee zu.

Außerdem ist die Nessel als unterstützendes Mittel bei Schlankheitskuren hilfreich und ohne Nebenwirkungen, da sie entwässernd wirkt. Mit den Blättern kann man Blutungen selbst größerer Wunden stillen, und der Saft wird manchmal als natürliches Haarwasser benutzt. Könnte man von einer so häufigen Pflanze noch mehr erwarten? Aus den Stängeln erhält man feine Fasern, aus denen sich in Notlagen sogar Angelschnüre herstellen lassen.

Brennnessel

Distel: Trotz ihrer unangenehmen Erscheinung handelt es sich um eine essbare Pflanze, die bei den Griechen und Römern als Suppengemüse verwendet wurde. Entfernen Sie die Blätter und schneiden Sie deren Spitzen ab, an denen sich die spitzen Randstacheln befinden. Die Blätter können roh oder gekocht verzehrt werden, desgleichen die Stängel, nachdem ihre zähe Haut abgezogen wurde.

Brunnenkresse: Diese saftige kleine Pflanze, die ohne Schwierigkeiten das ganze Jahr über auf der Fensterbank gezogen werden kann, ist ein ausgezeichneter Lieferant für Vitamin C. Sie schmeckt sowohl in Salaten als auch gekocht in Eintöpfen und Suppen.

Wintergrün: Dieses niedere, kaum 15 cm große Gehölz wächst auf steinigem oder trockenem sandigen Lehmboden. Die kriechenden Triebe werden halb vom Laub bedeckt, das aus ovalen, glänzenden und ledrigen Blättern besteht. Die Früchte sind scharlachrote Beeren, die entweder roh gegessen oder zu einer schmackhaften Marmelade verarbeitet werden können. Die Blätter eignen sich für Tee oder als Gewürz für Suppen und Braten. Wenn man den Blättern das Öl entzieht und mit Ahornsirup mischt, erhält man einen Ahornzucker von ganz besonderer Art.

Gelber und weißer Steinklee: Jeder hat schon einmal nach einem der seltenen vierblättrigen Glücksbringer gesucht, in der Regel sind die weichen grünen Blätter auf ihrem Stängel nur zu dritt. Die Blüten können gelb, purpurn oder einfach weiß aussehen.

Klee kann roh gegessen oder kleingeschnitten in Salaten verwendet werden. Die Blüten sind reich an Nektar. Aus Klee kann man einen Tee herstellen, der offenbar ungewöhnliche reinigende und heilende Eigenschaften hat.

Pfeilkraut: Diese Pflanze wächst im Allgemeinen auf oder an Biberdämmen. Die Indianer nannten sie Wapato, gebrauchten sie häufig und plünderten oft im Herbst die Gänge der Bisamratte, um sich einen Wintervorrat der Knollen zu beschaffen. Auch die frühen amerikanischen Siedler fanden bald heraus, wie delikat diese Knollen schmecken und verwendeten sie als Kartoffelersatz. Sie können roh gegessen werden, gekocht schmecken sie jedoch sehr viel besser.

Breitblättriger und schmalblättriger Rohrkolben: Beide wachsen an Fluss- und Seeufern. Die jungen Schösslinge können roh gegessen oder Salaten beigegeben werden. Sie werden das ganze Jahr über gesammelt. Als wir unser Land säuberten, legten wir Äste und Buschwerk auf die vertrockneten Pflanzen, die aus der Eisdecke herausragten, und zündeten es an. Durch die Hitze wurde das Eis geschmolzen und wir kamen so leicht an die grünen Schösslinge heran.

Wenn die Wurzeln und Kolben abgeschabt und gekocht werden, schmecken sie fast genauso wie Kartoffeln, sind allerdings sehr faserig. Ich ziehe es denn auch vor, die Wurzeln zu einem dicken Brei zu zerkochen, das Wasser verdunsten zu lassen und die trockene Masse mit einem Mehlsieb von allen Fasern zu befreien. Zurück bleibt ein feines Mehl, das sich vorzüglich zum Backen von Brot und Kuchen eignet.

Wilde Zwiebel: Im Unterholz können wir im Frühling so viele Zwiebeln sammeln, dass wir damit fast den ganzen Sommer auskommen. Die Blätter der wilden Zwiebel sind breit und elliptisch, sie vergehen, noch bevor die Blüte erscheint. Die Zwiebel und der Stängel können sehr gut roh gegessen und ansonsten wie eine normale Kulturzwiebel zubereitet werden. Ein dicker Sirup (den man gewinnt, indem man den Saft einkocht) wirkt gegen Husten, Verschleimungen und Bronchitis.

Indianischer Reis: Am unteren Biberdamm wächst auf einem kleinen Stück Indianischer Reis. Diese Grasart *(Zizania aquatica)* mit ihrer büschelartigen Ähre wird etwa 1,5 m hoch und ist in unserer Gegend mittlerweile eine Seltenheit.

Bisher lohnt es sich für uns nicht, die Pflanze zu ernten, doch wird sich der Bestand mit ein bisschen Pflege sicherlich vermehren, so dass er unseren eigenen Bedarf decken kann. Selbst wenn es dazu nicht kommt, werden sich die Enten freuen, und auch andere Wildvögel, die sonst nicht an unserem Teich nisten würden, kommen seinetwegen.

Wildrose: Wir fanden acht wilde und mindestens vier verwilderte ehemalige Kulturarten auf unserem Grundstück. Die Früchte der Rosen - die Hagebutten - sind natürliche Vitaminspeicher ersten Ranges. Hagebutten enthalten bei gleichem Gewicht 50-mal mehr Vitamin C als Orangen. Die Kerne enthalten sehr viel Vitamin A, B_1, und E; sie können gemahlen und dem Saft zugesetzt werden.

Mediziner behaupten, dass Rosenöl beruhigend, entspannend und lebensverlängernd wirkt. Ein aus getrockneten Blütenblättern hergestellter Tee soll die Gesundheit der Augen wiederherstellen und die Sehfähigkeit bei Dunkelheit verbessern können.

Es wird berichtet, dass die Soldaten Alexanders des Großen diesen Tee oft verwendeten, um nachts besser sehen zu können, obwohl sie natürlich noch nichts über die Wirkung des Vitamins A auf die Augen wussten.

📖 **Essbare Wildpflanzen** von *Hartmut Engel & Iris Kürschner*, Conrad Stein Verlag Basiswissen für draußen, Band 5, ISBN 978-3-86686-393-4, € 9,90
Wer Fastfood und Konserven satt hat, findet hier schmackhafte Alternativen, die die Natur für ihn bereithält: Das Buch vermittelt Grundkenntnisse über 77 essbare und medizinisch wirksame Wildpflanzen, die in unseren Breiten vorkommen. Brühen Sie sich Kräutertees auf oder bereiten Sie sich „beerig"-leckere Speisen. Die Rezepte liefert das Buch selbstverständlich mit.

Bäume

Stachelesche: Der „Zahnschmerzbaum" ist ein kleiner Baum oder Strauch von 1,20 bis 2,40 m Höhe mit zahllosen Stacheln. Ich erinnere mich an den Frühling auf unserem Hof, als ich zum ersten Mal mit diesem Busch in Berührung kam. Ich war den ganzen Morgen damit beschäftigt gewesen, Sträucher zu entfernen, um Platz für unseren Gemüsegarten zu schaffen.

Nach getaner Arbeit sah mich meine Frau entsetzt an und fragte: „Hast Du Dich mit einer Katze angelegt?" Mein Gesicht war von kleinen, rasiermesserscharfen Stacheln fast in Stücke geschnitten worden. Wenn ein Zweig dieser Pflanze das Gesicht streift, hinterlässt er feine Verletzungen, die man aber kaum spürt.

Welchen Nutzen bringt ein so gefährliches Gewächs? Im beginnenden Frühling erscheint eine kleine Blüte, anschließend bildet sich eine ovale Kapsel, die eine schwarze Saat enthält. Die gemahlenen Körner ergeben ein Puder, das in kleinen Mengen gegen Zahnschmerzen oder chronische rheumatische Erkrankungen angewendet werden kann.

Kiefer: Dieser stattliche Baum hat eine je nach Art mehr oder weniger raue Rinde und Nadeln, die zu dritt oder zu fünft auf einem sehr kurzen Stiel stehen. Das Holz ist für den Blockhüttenbau außerordentlich gut geeignet, zumal diese Bäume meist gerade wachsen und bis zu 50 m Höhe erreichen.

Wilde Kirsche: Verschiedene wilde Kirscharten wachsen auf unserem Anwesen - und natürlich verwenden wir die Früchte für Marmelade und Gelees, sofern wir sie vor den Vögeln retten können. Nach unserer Erfahrung kann man Vögel relativ einfach verscheuchen, indem man ca. 5 cm breite Streifen aus dicker Aluminiumfolie an Fäden in die Bäume hängt. Wenn der Wind sie bewegt, entsteht ein schepperndes Geräusch und Lichtblitze zucken durch die Baumkrone, was auf Vögel ausreichend beängstigend wirkt.

Riesen-Lebensbaum: Dieses sehr dauerhafte Gehölz hält Fäulnis besser stand als irgendein anderes mir bekanntes Holz. Sofern die zur Verfügung stehenden Bäume groß genug sind, eignen sie sich uneingeschränkt für den Blockhüttenbau. Es kann schwierig sein, geeignete Bäume zu beschaffen, sofern sie nicht schon auf Ihrem Grundstück wachsen, da sie als Telegrafenmasten verwendet werden und die Nachfrage entsprechend groß ist. Wenn Sie aber mit der sog. Rotzeder arbeiten können, erhalten Sie ein dauerhaftes und aromatisch riechendes Gebäude. Das Holz kann übrigens auch zu Dach- und Wandschindeln verarbeitet werden.

Virginischer Sumach: Dieser Baum oder Strauch ist sehr schnell an seinen dicken und scheinbar „samtüberzogenen" Zweigen zu erkennen, die an Hirschgeweihe im Bast erinnern. Im Spätherbst machen ein fackelartiger Fruchtstand und leuchtend karminrot gefärbte Blätter jede Verwechslung unmöglich. Wir pflücken gewöhnlich die roten Beeren im Spätherbst und trocknen sie für den Winter. Durch ihren zitronenartig sauren Geschmack eignen sie sich hervorragend für die Zubereitung von Limonaden. Eine Kompresse aus den zerstoßenen Blättern und Blüten scheint bei Entzündungen der Haut und wunden Stellen heilend zu wirken. Eine Gurgellösung aus den zerstoßenen Beeren und Blättern mit einer kleinen Menge Wasser ist bei Halsentzündungen ein bewährtes Hausmittel.

Schwarzfichte: Eines der am häufigsten verwendeten Baumaterialien. Die meist gerade wachsenden Bäume liefern ein weiches Holz, das auch beim Nageln nicht spaltet und aus dem Bretter sowohl mit der Hand- als auch mit der Kreissäge geschnitten werden können.

Zuckerahorn: Niemand würde den Zuckerahorn mit irgendeinem anderen Baum in unseren nordamerikanischen Wäldern verwechseln. Es ist ein Laubbaum mit gegenständigen, einzeln oder zu mehreren am

Zweig sitzenden und je nach Art verschieden gezahnten Blättern. Die Rinde ist glatt, das Holz eignet sich für Vertäfelungen und den Bau von Möbeln. Das begehrteste Produkt ist der Saft, aus dem Sirup und Zucker hergestellt werden. Ein großer Baum liefert bis 3 kg Saft im Jahr. Schon die Indianer verwendeten ihn zum Süßen.

Eiche: Ein sehr schöner Baum, der leider nur sehr langsam wächst und den man wegen der mit seiner Nutzung verbundenen Schwierigkeiten nur selten in nordamerikanischen Wäldern sieht.

Das Holz ist sehr hart und daher hervorragend für Vertäfelungen und Fußböden verwendbar. Eiche wurde in großem Maße von den frühen Siedlern beim Möbelbau genutzt.

Linde: Diesen Baum erkennt man leicht an den großen, herzförmigen Blättern. Das Holz wurde zumeist verwendet, um Schüsseln und andere Haushaltsgegenstände herzustellen, da dieses weiche Holz kaum abbricht oder splittert.

Esche: Die frühen Siedler nutzten sie zur Herstellung von Hobeln und anderen Werkzeugen, denn aufgrund ihrer geschmeidigen, dichten Oberfläche kann sie sehr gut poliert werden. Die Rinde der Esche, fein gemahlen und gebrannt, nahmen die frühen Siedler übrigens ähnlich ein, wie wir heute Aspirin.

Papierbirke: Wegen ihrer sehr biegsamen Rinde auch „Kanubirke“ genannt, wurde sie oft von den Indianern zum Überziehen ihrer Kanus und als Material für Töpfe und Pfannen benutzt, bevor die weißen Einwanderer das Gusseisen einführten. Heute wird das Holz hauptsächlich für Möbel und Täfelungen verwendet.

Hemlocktanne: Sie liefert ein mäßig gutes Baumaterial, da der Stamm zwar meist gerade wächst, sich jedoch auch schnell verjüngt. Es sollte nur dort verwendet werden, wo Schutz vor Feuchtigkeit besteht. Da die Hemlocktanne sehr leicht von der Witterung angegriffen wird, ist es schwierig, überhaupt makelloses Holz zu finden. Dafür kann man jedoch aus den jungen Nadeln einen sehr guten Tee zubereiten. Das Öl gewinnt man durch Mahlen und anschließendes Kochen der Rinde, es sammelt sich dann an der Wasseroberfläche. Man hält es bei rheumatischen Erkrankungen und Rückenbeschwerden für wirksam.

Juglans: Als naher Verwandter des schwarzen Walnussbaums wird er oft mit ihm verwechselt. Er ist gut an seiner leicht grauen Rinde und den dünnen Häutchen zu erkennen, die die Blätter umgeben. Im Herbst können die Nüsse gesammelt und getrocknet werden, um Weihnachten herum kann man sie dann essen. Das Holz verwendet man für Möbel, es gleicht dem der Walnuss, ist jedoch heller.

Gelbbirke *(Bertula lutea)*: Wesentlich größer als die Moorbirke, erreicht sie manchmal eine Höhe von 30 m oder mehr. Ihre Rinde ist papierartig, blättert jedoch nicht ab wie die der Moorbirke. Die Rinde ist gelb oder strohfarben, das Holz hart und schwer. Es hat eine angenehme, rötliche Farbe und eignet sich ausgezeichnet für Fußböden, Möbel und Vertäfelungen.

Eisenbaum: Sammelname für verschiedene extrem harte Hölzer: Gattung Siderioxylon, Diospyros, Dillettia. Als vergleichsweise kleinen Baum findet man den Eisenbaum unter Buchen, Ahornbäumen, Eschen und Ulmen. Der Name ist sehr angemessen, da das Holz hart und robust ist. Es wurde früher meist für Werkzeuge, Wagenteile und Stützbalken in Blockhütten verwendet.

Amerikanische Ulme: Leider ist sie in den letzten Jahren der Holländischen Ulmenseuche zum Opfer gefallen, an der fast alle Ulmen Nordamerikas eingegangen sind. Aus dem starken, widerstandsfähigen Holz wurden einst Möbel, Fässer, Tonnen und Käsekisten hergestellt.

Silberpappel: „Zitterespe" ist ein anderer, sehr passender Name für diesen Baum, da er in der leichtesten Brise durch die bebende und lebendige Bewegung seiner schmalen, abgerundeten Blätter auffällt. Die Stiele der vergleichsweise breiten Blätter sind hauchdünn und wirken deshalb wie Gelenke, die die zitternde Bewegung der Blätter hervorrufen. Das Holz ist ein sehr guter Brennstoff, und da es gerade und leicht zu spalten ist, machten die Siedler früher Pflöcke und Harken daraus.

Sassafras: Im Unterschied zu den meisten Bäumen hat dieser drei verschiedene Arten von Blättern an derselben Pflanze. Am bekanntesten wurde er durch den starken angenehmen Geruch und Geschmack seiner Rinde, der Zweige und der Wurzel. Er wächst bis zu einer Höhe von 9 bis 12 m.

Die Rinde wird gekocht, das Öl vom Wasser abgeschöpft und als Aromastoff oder für Parfum verwendet. Die fein gemahlene Rinde kann auch als Tee aufgebrüht werden. Medizinisch ist der Tee bekannt als Mittel zur Behandlung von Rheuma, Nierenleiden und Verätzungen. Als Breiumschlag kann er auf alte Narben und auf Verbrennungen aufgelegt werden.

Tiere

Hirsch: Diese Tierart ist die einzige paarhufige auf unserem Gelände und die kleinste ihrer Familie. Der Körper ist grau oder graubraun, die unteren Teile sowie die Brust, die Innenseite der Beine und die Unterseite des Schwanzes sind weiß. Das Geweih ragt auf- und auswärts, die Enden verzweigen sich vom Hauptgeweihträger aus. Da der Bock polygam ist und alle Hirschkühe deckt, auf die er während der Brunftzeit stößt, achten wir darauf, einen Bock nur dann zu schießen, wenn wir mehrere haben. Das Wild ernährt sich in erster Linie von jungen Trieben der Esche, der Vogelkirsche und des Hartriegels, aber auch von Beeren und einigen Gräsern. Kontrolliertes Jagen ist notwendig, wenn man die Herde gesund erhalten will. Da das Wild in unserem Gebiet keine natürlichen Feinde hat, würden Hunger und Überbevölkerung die Folge sein, wenn man die Herde zu groß werden ließe.

Biber: Der Biber ist ein schwerfälliges Tier, das mit Schwimmhäuten an den Füßen und hervorragenden Schneidezähnen ausgestattet ist. Sein hervorstechendstes Merkmal ist sein flacher, paddelförmiger Schwanz, etwas schuppig und ohne Fell. Seine Farbe reicht von hellem bis zu sehr dunklem Braun, manche Artgenossen sind fast schwarz. Der Biber bleibt gewöhnlich für ein ganzes Leben mit seiner Partnerin zusammen und zeugt einen Nachwuchs von meist vier Jungen.

Auch hier lohnt es sich, genau auf die Zahl der Tiere zu achten, damit keine Überbevölkerung auftritt. Sorgfältiges Fallenstellen kann notwendig sein, um die Zahl der Tiere so gering zu halten, dass die verbleibenden genug Futter zum Leben haben. Biber ziehen weiter, um mehr Futter zu finden, und hinterlassen einen Teich, der bald ohne Fische und andere Tiere oder Vögel sein wird, da das Biberwehr verfällt. Bevorzugtes Futter dieses fleißigen Tieres sind die Zweige der Esche und anderer kleiner Laubbäume. Der Biber baut einen Damm, um das Wasser im Teich auf einer bestimmten Höhe festzulegen. Dies ermöglicht es ihm, Baumstämme auf dem Wasser schwimmend zu transportieren und die Eingänge des Biberbaus unterhalb der Wasserlinie zu halten.

Bisamratte: Dieses Nagetier ist ungefähr viermal so groß wie eine normale Ratte, mit kurzen Beinen und, teilweise mit Schwimmhäuten versehen, starken Hinterfüßen. Es hat einen langen, unbehaarten und senkrecht abgeflachten Schwanz. Es ernährt sich auf pflanzlicher Basis und von einigen Fischarten, Muscheln und von jungen Vögeln.

Eichhörnchen: Dieser Baumbewohner ist gekennzeichnet durch seine rote Färbung und den großen buschigen Schwanz, der fast so lang ist wie Kopf und Körper zusammen. Die Paarung findet meist im späten März oder Anfang April statt, und Ende Mai werden vier bis sechs Junge geboren. Das Fleisch ist dunkel und sehr schmackhaft, das Fell ebenfalls wertvoll. Die Zahl der Eichhörnchen ist klein zu halten, da sie sich von Vogeleiern und jungen Vögeln ernähren.

Rotfuchs: Dieses scheue Tier sieht man selten, aber man kann im Winter seine Spuren verfolgen und findet gelegentlich einen Fleck, wo ein unvorsichtiges Rebhuhn getötet wurde. Wenn Sie vorhaben, Hühner zu halten, dann behalten Sie die Fuchsfamilie im Auge. Da sie sich aber auch von Nagetieren ernährt, ist sie wertvoll für Hof und Garten.

Hase und Kaninchen: Der Hase (der größte seiner Art) misst bis zu 70 cm und wiegt bis zu 10 kg. Er ist bräunlich-grau im Sommer und fahlgrau im Winter, die Rückseite der Ohren ist weiß mit schwarzen Flecken. Hase und Kaninchen ernähren sich größtenteils von einer umfangreichen Auswahl an Pflanzen, Klee, wilden Gräsern, Körnern und Knospen. Wenn Sie Kaninchen oder Hasen in der Nähe des Gartens haben, ist es ratsam, zumindest den Gemüsegarten einzuzäunen. Vor dem Winter sollte Maschendraht um die kleinen, neu gepflanzten Obstbäume gezogen werden, da die Tiere Rinde und Zweige der Bäume gerne abknabbern. Decken Sie die Bäume ziemlich hoch ab, da die Tiere nach den ersten Schneefällen wesentlich höher reichen! Obwohl das Kaninchen kleiner ist als der Hase, kann es genauso viel Schaden am Garten und an den Obstbäumen anrichten.

Vögel

Tannenhuhn: Diese Vögel kommen in dichten Beständen von Pinien und Fichten häufig vor. Das Huhn ist klein und sehr dunkel, die Farbe des Rückens und der Flügel reicht beim Männchen von dunklem Braun bis zu dunklem Blau, jede Feder besitzt eine feine schwarze Zeichnung. Das Gesicht ist schwarz mit einer weißen Linie hinter den Augen und einem Kamm darüber, die Kehle schwarz, manchmal mit Weiß. Der Körper des Vogels ist schwarz mit weißen Streifen. Das Rebhuhn baut sich auf dem Boden ein Nest aus Blättern und Gräsern, meist unter tiefhängenden Fichtenzweigen. Die acht bis zehn Eier (manchmal sind es auch bis zu 16) sind hellbraun mit einer schönen, dunkelbraunen Zeichnung.

Wenn Sie Rebhühner jagen, denken Sie an deren Verteidigungstaktik. Sie flattern, wenn man sich ihnen nähert, in die Zweige eines dichtbewachsenen Nadelbaums und verlassen sich auf ihre Tarnfarbe. Unbeweglich in den Zweigen sitzend, sind sie nicht vom Hintergrund zu unterscheiden. Sie lassen Sie so nahe herankommen, dass Sie sie fast anfassen können und verschwinden dann plötzlich. Deshalb werden sie auch „Narrenhennen" genannt.

Kragenhuhn: Im Frühling können Sie im Dickicht oft einen Ton hören, der an das gedämpfte Rollen von Trommeln erinnert. Das ist das Kragenhuhnmännchen, das mit dieser Balz die Weibchen auf sich aufmerksam macht. Sie werden es hören, noch lange bevor Sie es sehen. Sie sollten sich leise heranschleichen, wenn es trommelt, und stehen bleiben, wenn es aufhört. Vielleicht werden Sie den Vogel so sehen. Der Kopf, gekrönt mit einem Ring von glänzend schwarzen Halsfedern, und ein langer Schwanz mit einem schwarzen Band nahe der

Spitze sind die hervorstechendsten Merkmale. Die Vögel nisten ebenfalls auf dem Boden. Im Unterschied zu den Rebhühnern suchen sie sich jedoch einen ziemlich offenen Platz, meist nahe oder unter einem liegenden Baumstamm oder einer Wurzel. Die 8 bis 14 Eier sind lederfarben und ohne Zeichnung.

Ringfasan: Der Vogel hat leuchtende, schöne Farben: Kopf und Hals sind schillernd rot, der Körper ist bronzefarben und schwarz, meist mit einem weißen Ring um den Hals und einem langen, bunten Schwanz. Das ist das Federkleid des männlichen Tieres. Der Fasan ist nahe an Lichtungen zu finden, im Schutz von dichtverzweigten Weiden, in Rosendickichten oder im hohen Schilf an Flüssen und Gräben.

Feldhuhn: Wenn bei einem Spaziergang die Ruhe plötzlich vom ohrenbetäubenden Geschrei eines schnell fliegenden Vogels unterbrochen wird, der aus dem Dickicht auftaucht, dann haben Sie wahrscheinlich ein Feldhuhn aufgeschreckt. Dieser Vogel ist für Jäger eine harte Prüfung. Seine charakteristische überstürzte Flucht bringt den Jäger meist so aus der Fassung, dass der Vogel schon lange weg ist, bis er sich erholt hat.

Das Feldhuhn ist ein kleiner, bräunlicher Vogel mit heller gefärbtem Kopf und einem hufeisenförmigen Fleck auf der Brust. Während der Flucht sind die ebenfalls haselnussfarbenen Schwanzfedern zu sehen. Sein Fleisch wird teuer bezahlt, aber der Vogel wiegt kaum mehr als 400 bis 600 g.

Kanadagans: Gelegentlich lässt sich eine Schar von Kanadagänsen bei uns nieder, um sich während des Herbstzuges vom wilden Reis an unserem Teich zu ernähren. Der stattliche Vogel hat weiße Wangenflecken am schwarzen Kopf, Rücken und Flügel sind graubraun mit helleren Federkanten. Der Unterleib und die Ober- und Unterseite des Schwanzes sind weiß, Schnabel, Hals, Schwanz und Beine sind schwarz. Ihr Fleisch hat unsere Weihnachtstafel oft bereichert.

Enten: Auf unserem Teich sind viele Arten von Wildenten, die friedlich neben unseren Hausenten nisten. Als Dauergäste haben wir Stockenten, Spießenten, Pfeifenten und Krickenten.

Fische

Regenbogenforelle: Es gibt so viele Methoden, Regenbogenforellen zu angeln, wie es Angler gibt. Sie können alle Arten von Ködern verwenden, von Spinnen bis zu gefrorenen Stücken Vaseline. Ich persönlich bevorzuge, besonders in schnell fließenden Gewässern spät am Abend, wenn die Fische sich von Larven und Eintagsfliegen ernähren, das Fliegenfischen.

Barsch: Können Sie sich etwas Beruhigenderes und Erholsameres vorstellen, als an einem Spätsommerabend am Ufer eines Biberdamms zu sitzen und Barsche zu angeln? Barsche bewegen sich langsam, ihr Appetit gleicht aus, was ihnen an Wehrhaftigkeit fehlt. Denken Sie daran, den Köder ca. 30 cm über dem Grund hängen zu lassen.

Lumpfisch: Sobald das Eis zu Beginn des Frühlings taut, kommen die Lumpfische unseren Bach herauf, um zu laichen. Sie sind meist so dick, dass man sie mit bloßen Händen fangen kann. „Aber wofür um Himmels willen willst du sie denn verwenden?“, fragte mein Nachbar mich, „du kannst sie ja doch nicht essen“.

Es ist aber tatsächlich so, dass Lumpfische, wenn sie Anfang des Frühlings aus dem noch sehr kalten Wasser gefangen und dann geräuchert werden, eine schmackhafte Mahlzeit darstellen. Wie oft ist Ihnen im Restaurant schon Meerbarbe serviert worden? Wussten Sie, dass Meerbarbe der Handelsname für den Lumpfisch ist?

Flusskrebs: oder Languste, wie er auch genannt wird, ist ein kleines, hummerähnliches Krustentier, das wir im Überfluss in unserem Teich haben. Wenn ich davon erzähle, dass wir dieses kleines Schalentier essen, nehmen die Leute gewöhnlich an, dass sehr wenig Fleisch daran sei. Die Flusskrebse, die wir aus unserem Teich holen, messen aber 10 bis 15 cm, die Scheren nicht mitgemessen.

In skandinavischen Ländern ist es nicht erlaubt, Flusskrebse unter 10 cm Länge zu fangen. Das ist eine ausgezeichnete Regelung, da so ein guter Bestand aufrechterhalten wird. Meistens wird der Flusskrebs als Köder für Seebarsch und Hecht benutzt, aber wenn Sie ihn im Teich lassen, wie wir es tun, können Sie ihn im späten Herbst essen.

Blockhausbau

Ein Blockhaus zu bauen, erfordert ebenso viel Planung wie jedes andere Gebäude. Als Erstes sollte man jemanden finden, der sich mit dieser Art von Konstruktion auskennt, um geeignete Baupläne zu bekommen. Anscheinend halten die meisten Leute ein Blockhaus für eine Hütte, die die Siedler nur als Übergangsbehausung erstellten. Tatsächlich wurde in vielen Fällen zuerst ein kleines Blockhaus errichtet, um den Siedler und seine Familie zu beherbergen, bis ein dauerhafteres Gebäude gebaut war. Wenn Sie große Bäume auf Ihrem Gelände haben, werden Sie diese sicherlich zum Hausbau benutzen wollen.

Es gibt zwei Konstruktionsmethoden: nach der älteren und echten stapelt man handbehauene Baumstämme, verbunden durch komplizierte Verkerbungen an Hausecken, Fenster- und Türöffnungen, aufeinander.

Die andere, wesentlich neuere Methode sieht Baumstämme als eine Art Fachwerk vor, das später mit Holzplanken verkleidet wird. In jedem Fall brauchen Sie gutes, langes und widerstandsfähiges Holz als Baumaterial.

Die richtigen Bäume

Das Aussuchen der richtigen Bäume ist eine Kunst für sich. Es gilt, dabei einige Richtlinien zu befolgen. Die erste Überlegung betrifft die **Erhaltung des Baumbestandes.** Achten Sie beim Aussuchen der zu fällenden Bäume darauf, dass der Bestand um den Bauplatz herum nicht vernichtet wird. Die Größe der Bäume, die schließlich zum Fällen markiert werden, hängt weitgehend von der Größe des Gebäudes ab, das Sie errichten wollen: ein kleines Blockhaus erfordert kleine, ein großes größere Baumstämme.

Wenn das Haus eine Grundfläche von ca. 40 m² haben soll, sind Baumstämme von 25 bis 30 cm Durchmesser gut geeignet. Ein Haus mit ca. 80 m² sollte aus Baumstämmen von 35 bis 40 cm Durchmesser errichtet werden. Der Durchmesser wird beim stehenden Baum in Brusthöhe gemessen. Der Baum sollte gerade gewachsen, nicht zu spitz zulaufend und ohne Risse, Spalten und Gabelungen sein. Am besten beurteilt man einen Baum, indem man ein Stück zurückgeht und ihn von verschiedenen Seiten betrachtet, dann wieder nahe an den Stamm herangeht, um ihn rundum noch einmal aus dieser Perspektive zu prüfen. Lassen Sie sich nicht entmutigen, wenn Sie lange brauchen, um gerade gewachsene Bäume zu finden. Sie sind selten und stehen wahrscheinlich weit verstreut.

Deshalb gibt es nur Weniges, was ich mehr bewundere, als einen guten Zimmermann, und glauben Sie mir: Man muss gut mit einer Axt umgehen können, um aus krummen Bäumen ein gut aussehendes Blockhaus zu errichten.

Nach meiner Erfahrung ist das größte Problem, das sich dem Anfänger stellt, die **Höhe eines Baumes** zu berechnen. Die folgende Methode lässt sich mit einfachsten Hilfsmitteln durchführen: Zeichnen Sie auf einem ebenen Gelände zwei Linien rechtwinklig zueinander auf, eine davon 10 m lang, die andere etwa so lang wie die in Frage kommenden Bäume.

Schrauben Sie auf eine Sperrholzplatte o.Ä. von ca. 30 x 30 cm (oder größer) einen Holzstab, so dass er sich wie ein Zeiger drehen lässt (☞ Zeichnung).

Unterteilen Sie die „baumlange" Linie deutlich sichtbar in 50-cm-Einheiten. Legen Sie die Holzplatte flach auf den Endpunkt der 10-m-Gerade (nicht den Schnittpunkt der beiden Geraden) und befestigen Sie eine Schnur am Ende des Zeigers. Spannen Sie die Schnur zwischen Zeigerspitze und dem ersten Punkt auf ihrer unterteilten Linie (50 cm). Markieren Sie die resultierende Zeigerstellung auf dem Brett mit einem Bleistift und bezeichnen Sie die Markierung deutlich als „50 cm". Verfahren Sie entsprechend mit allen weiteren markierten Punkten. Die nunmehr mit Linie und Zahlen markierte Holzplatte samt Zeiger wird senkrecht an einen Pfahl genagelt.

Mit dieser Konstruktion stellen Sie sich 10 m vor dem zu vermessenden Baum auf und visieren mit dem Zeiger den Punkt an, der etwa das Ende des späteren Balkens sein wird. Nun lesen Sie auf der Platte die Höhe ab und addieren die Höhe hinzu, in der sich die Platte zum Zeitpunkt der Messung befand (150 cm wird wohl die angenehmste Länge für ihr Gestell sein). Achten Sie darauf, dass die Messvorrichtung **absolut senkrecht** steht, wenn Sie den Baum anvisieren.

Überlegen Sie vor dem Fällen eines Baumes immer, **wohin der Stamm fallen soll,** damit Sie ihn gut behauen und abtransportieren können. Er sollte möglichst auch nicht so fallen, dass er in anderen Bäumen hängen bleibt.

☺ Am besten fällt man Bäume im Winter, da der Saft im Herbst in die Wurzeln zurückfließt und die Stämme dadurch sehr viel leichter werden. Außerdem ist es wesentlich einfacher und weniger schädlich für das Holz, den Stamm auf Schnee aus dem Wald zu ziehen. Ich fälle meine Bäume am liebsten im späten Herbst vor dem ersten Schnee, weil auch besserer Halt auf dem Boden die Arbeit erleichtert. Das Abschleppen erledige ich erst dann, wenn Schnee gefallen ist.

Ich lasse die Rinde auf den Stämmen, bis sie am Bauplatz verarbeitet werden. Dort staple ich sie auf einer Unterlage aus kurzen Holzstämmen, die Baumstämme der nächsten Lage werden jeweils rechtwinklig zu den darunter liegenden aufgelegt. Versuchen Sie, den kreuzweise aufgebauten Stapel so eben wie möglich zu errichten, denn sonst passen sich die Stämme der Form des Stapels an und gerade Stämme sind im Frühling vollkommen verzogen.

Viele Leute meinen, je länger man die Stämme auf Stapeln lagere, desto besser seien sie danach als Baumaterial. Dabei lassen sie allerdings völlig außer Acht, dass Holz sich setzt - und das sollte es lieber erst tun, wenn es zu seinem Bestimmungszweck, dem Blockhaus, verarbeitet ist.

Lassen Sie sich Zeit beim Aufschichten des Stapels. Je sorgfältiger er errichtet ist, desto leichter wird es im Frühling, die Stämme zu behauen und die Rinde zu entfernen.

Sortieren Sie die Stämme, wenn sie aus dem Wald kommen. Ich setze meist einen Stapel von längeren Stämmen für die Längsseite des Hauses und einen von kürzeren für die Breitseite auf.

Bäume fällen

Wie viele Leute wissen wohl, wie man einen Baum richtig fällt? Ein Nachbar hat uns die Geschichte von seinem Großvater und seinem Großonkel erzählt. Die beiden kamen als Siedler ins Land und wollten

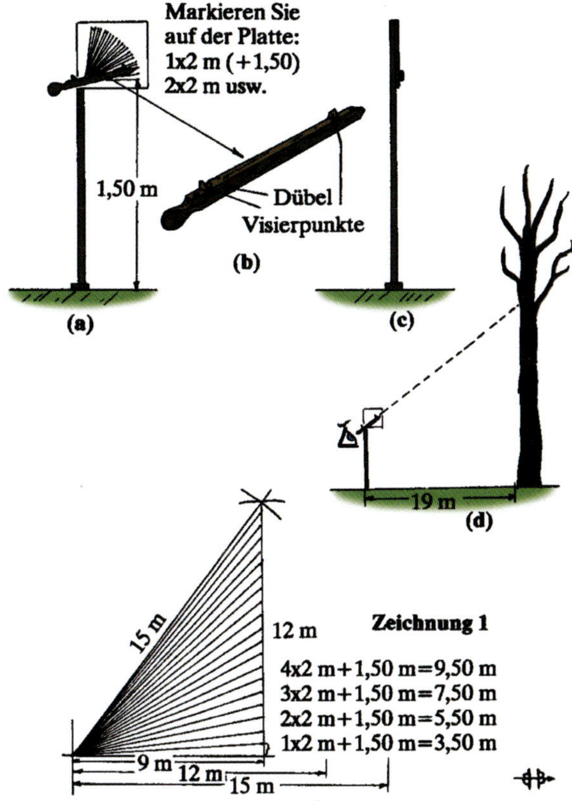

Die Zeichnungen zeigen, wie man die Höhe eines Baumes misst:
(a) Messgerät, (b) Sichtholz, (c) Seitenansicht,
(d) Anwendung des Messgeräts, (e) Höhenskala.

auf ihrem Gelände einen Platz für ihr Farmhaus roden. Dieser Platz war dicht bewachsen mit Pinien. Die beiden hatten in ihrer Heimat Schottland noch nie so große Bäume gesehen, und sie fingen an, den Stamm eines Baumes von allen Seiten zu bearbeiten. Auf die Frage, in welche Richtung der Baum denn fallen würde, antworteten sie: „Woher sollen wir das denn wissen, wir sind doch keine Propheten!"

Sie waren überrascht zu hören, dass man tatsächlich die Fallrichtung des Stammes beeinflussen kann, indem man die ersten Schnitte auf die richtige Art und Weise ausführt.

Bevor Sie diesen ersten Schnitt ausführen, stellen Sie fest, in welche Richtung der Baum sich neigt. Vielleicht ist es notwendig, dass Sie als Vorsichtsmaßnahme Keile einschlagen, damit der Baum sicher in die Richtung kippt, die Sie vorgesehen haben. Der erste Schnitt oder die Fallkerbe, wie er genannt wird, sollte an der Seite des Stammes ausgeführt werden, in die er fallen soll. Setzen Sie dann an der gegenüberliegenden Seite 5 bis 8 cm über der Höhe der Fallkerbe den zweiten Schnitt an.

☺ Ein paar **Vorsichtsmaßnahmen**, die Sie unbedingt beachten sollten:

▷ Prüfen Sie Ihren **Ausweichweg**, in anderen Worten: Sie brauchen einen freien Weg zu einem sicheren Platz. Der Weg muss der Fallrichtung entgegengesetzt verlaufen.

▷ Denken Sie daran, dass der untere Teil des Stammes zurückschnellen und ein paar Meter hoch durch die **Luft geschleudert werden kann**.

▷ **Tragen Sie immer einen Schutzhelm**. Wenn der Baum fällt, können sich trockene Äste lösen, manchmal werden sogar frische abgerissen.

▷ Wenn die **Säge stecken bleibt**, während der Baum anfängt zu kippen, lassen Sie sie im Schnitt stecken. Die Säge wird wahrscheinlich nicht zerbrechen - aber selbst wenn, ist das noch immer besser als ein gebrochener Rücken.

▷ Seien Sie sehr vorsichtig, wenn Sie einen Baum herunterholen, der sich beim Fallen in den Ästen anderer Bäume verfangen hat. **Fällen Sie nie den Baum, in dem er hängen geblieben ist!**

Das Bild zeigt einen korrekten Stapel von Stämmen und wie sie richtig gezogen werden können.

Auswahl des Bauplatzes

Die Auswahl eines geeigneten Bauplatzes für das Blockhaus ist sehr wichtig. Fangen Sie nicht an, Land zu roden, bevor Sie sich nicht darüber im Klaren sind, wo das Haus stehen soll. Hier sind ein paar Punkte, die man bei der Auswahl in Erwägung ziehen sollte. Das erste und wichtigste:

- ▷ Ist **Wasser** in der Nähe oder ist es möglich, einen Brunnen zu graben oder eine Pumpe anzubringen? Sie werden sowohl während als auch nach dem Bau viel Wasser brauchen. Der Platz sollte hoch gelegen sein, damit er einen **guten Abfluss von Wasser** vom Fundament und von der Klärgrube hat.
- ▷ Ein **hoch gelegener Platz** sichert während der Frühlings- und Sommermonate eine frische Brise, die Insekten aller Art vertreibt. Den frischen Wind werden Sie besonders in den heißen Sommermonaten genießen.
- ▷ Natürlich sollte auch der **Ausblick** bedacht werden.

Wenn Sie alle Gesichtspunkte berücksichtigt haben, können Sie anfangen, den Platz zu roden, der den Anforderungen am besten entspricht. Wenn möglich, machen Sie es mit der Hand, da die umstehenden Bäume und Pflanzen auf diese Art wesentlich weniger Schaden erleiden. Wenn Sie später anfangen, das Land um das Haus herum zu gestalten, werden Sie froh darüber sein, die Bäume und Pflanzen geschont zu haben.

Werkzeuge

Sie werden eine bestimmte Anzahl Werkzeuge brauchen. Man erzählt von den frühen Siedlern, dass sie ihren ganzen Werkzeugsatz auf dem Rücken trugen. Wichtig ist eine gute **Axt**; einige Leute verwenden lieber eine doppelschneidige Axt, aber ich habe mich nie daran gewöhnen können.

Weiter werden Sie ein oder zwei breite Äxte brauchen, eine leichtere zum Einkerben und eine schwerere für die Fällhiebe, eine

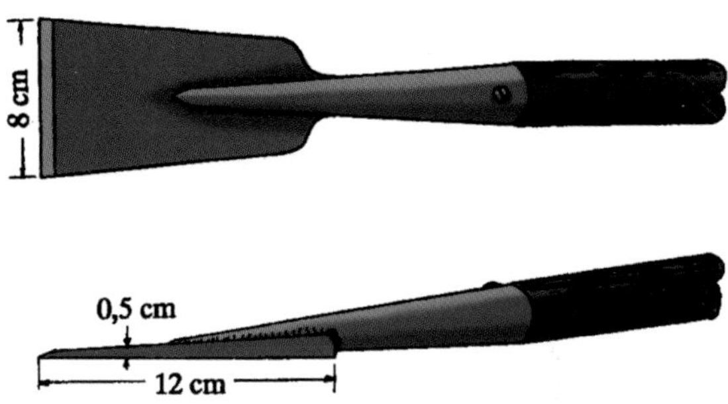

Klammer zum Verankern der Stämme (log dog)

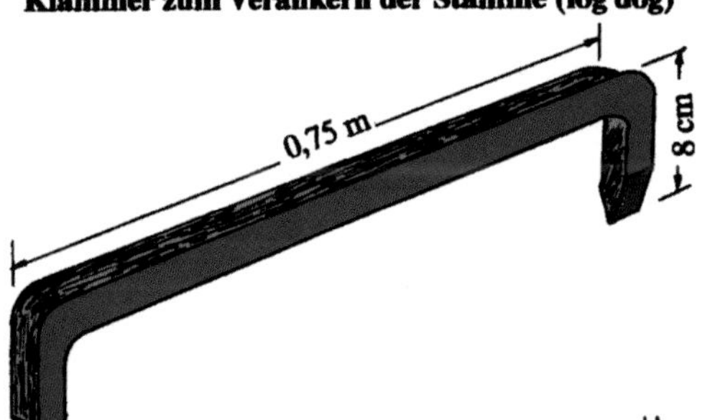

Zeichnung 2

Mit dem Spaten wird die Rinde von den Stämmen entfernt. Die Klammern verwendet man zum Verankern der Stämme während des Behauens.

Fuchsschwanz- oder Bügelsäge und eine **Motorsäge** mit einem 40 bis 45 cm breiten Blatt, außerdem noch einen **Handbohrer** mit bis zu 5 cm starken Einsätzen.

Zusätzlich brauchen Sie einen speziellen **Spaten** zum Abschlagen der Rinde (☞ Zeichnung), Vorrichtungen **(log dogs)** zum Verankern der Stämme beim Behauen, eine **Reißahle** und einen Satz **Zimmermannswerkzeug**. Es kann sein, dass Sie lange brauchen, um einige dieser Werkzeuge zu bekommen - vielleicht müssen Sie sie bei einem Schmied anfertigen lassen.

Fundament

Nun kommen wir zum wichtigsten Teil des ganzen Gebäudes - dem Fundament. Viele Blockhäuser verfallen, weil das Fundament nicht vernünftig gebaut wurde. Das war oft bei den Pionierhäusern der Fall, da die frühen Siedler wegen der begrenzten Baumaterialien gezwungen waren, erst einmal direkt auf den Boden zu bauen.

Die Blockhütten waren oft auf kleinen Steinen errichtet, die ein Mann bewegen konnte. Sie wurden durch das Gewicht des Gebäudes **schnell in den Boden gedrückt**. Aufgrund der minimalen Isolation unter den Gebäuden fingen die Baumstämme schon bald an **zu verrotten**.

Heute haben wir dieses Problem nicht mehr, da wir für ein gutes Fundament und ausreichende **Bodenisolation** sorgen können. Leider gerät man leicht in Versuchung, diesen Teil des Bauprojekts möglichst schnell durchzuziehen, damit das Haus überdacht ist, wenn schlechtes Wetter einsetzt.

Ein Fundament muss weder kompliziert noch teuer sein. Bei guter Entwässerung wird der Frost auch einem flachen Fundament nichts anhaben können.

Bevor Sie mit dem Graben anfangen, müssen Sie die Fläche des Fundaments festlegen. Damit es **eben und rechtwinklig** ist, bauen Sie Winkelböcke (☞ Zeichnung). Treiben Sie zuerst an jeder Ecke der Fläche Pfähle in den Boden, die die Außenkanten der Fundamentmauern anzeigen. Zur Bestimmung der rechten Winkel können Sie die Dreieck-Meßmethode verwenden: Unterteilen Sie eine Seite in 90-cm-

Festlegen der Grundfläche mit Winkelböcken

Nivellieren der Winkelböcke mit dem Wasserschlauch

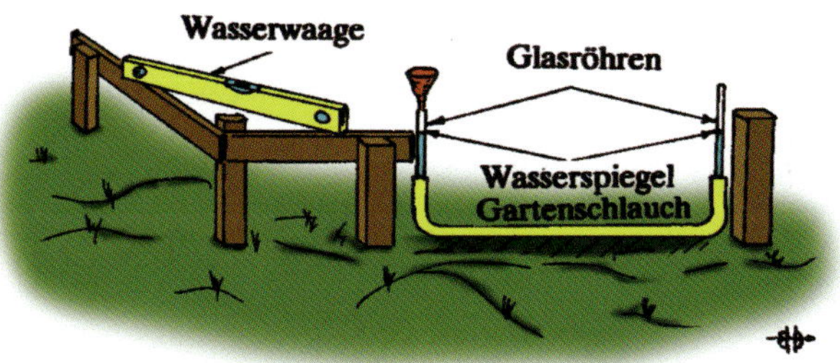

Zeichnung 3

Einheiten, die andere in 120-cm-Einheiten. Ist die Diagonale in eine gleiche Anzahl 150-cm-Einheiten unterteilbar, so beträgt der Winkel 90°.

Nach Festlegung der Eckpunkte treiben Sie dort jeweils drei Pfähle mit mindestens 150 cm Abstand zur Außenkante des Fundaments in die Erde und nageln waagerechte Bretter daran fest. Um sicherzustellen, dass die Winkelböcke sich alle in einer Ebene befinden, legen Sie einen Gartenschlauch am Fundament entlang von einer Ecke zur nächsten und befestigen seine Enden über dem Boden an den Pfählen. Mit Wasser gefüllt stellt dieser Schlauch eine **einwandfreie Wasserwaage** dar (☞ Zeichnung).

Zwischen den Winkelböcken werden Schnüre gespannt, die die Außenkanten des Fundaments festlegen. Kerben Sie die Bretter ein, damit eine versehentlich verschobene Schnur problemlos wieder in Position gebracht werden kann.

Zuletzt messen Sie die Diagonalen aus. Sind diese gleich lang und schneiden sie sich in ihren **Mittelpunkten**, ist das Fundament **rechtwinklig.**

Nun wird das Fundament ausgeschachtet. Es soll mindestens **30 cm unter die Frostgrenze reichen**. Zuerst legen Sie einen Sockel von wenigstens 40 cm Breite und 15 cm Stärke. Die eigentlichen Fundamentmauern sollten 25 cm breit sein.

Für Blockhäuser sind Fundamente aus Feldsteinen wohl die attraktivste Lösung. Errichten Sie eine Verschalung (Gussform) mit hoher Rückwand und einer sehr niedrigen Vorderseite. Legen Sie die Steine so, dass sie mit der vorderen Kante abschließen und füllen Sie den Hohlraum zwischen Steinen und Verschalung mit Mörtel auf. Verfahren Sie so Lage um Lage.

Soll sich in Ihrem Gebäude ein **Kamin** befinden, sind bereits in dieser Bauphase die ersten Vorbereitungen notwendig. Er benötigt ein Fundament von mindestens 120 cm Tiefe, das allseitig 30 cm breiter ist als er selbst.

Querschnitt durch das Fundament

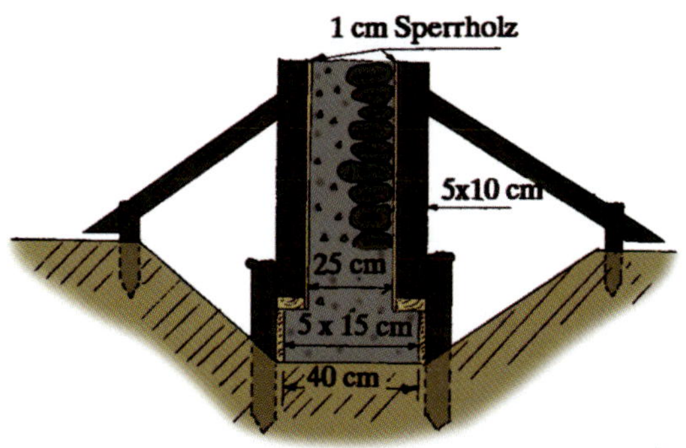

Breite Axt

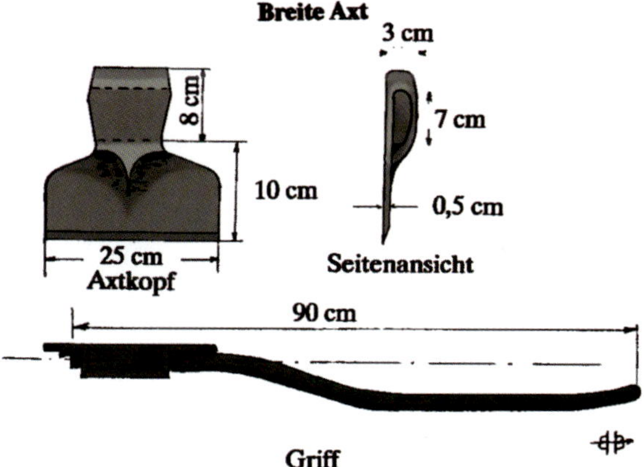

Mischen des Mörtels

Mörtel kann sowohl mit einer entsprechenden Maschine als auch unter sehr großem Kraftaufwand von Hand gemischt werden. Gemischt werden **drei Teile grober Kies, zwei Teile Sand, eineinhalb Teile Zement** mit nur gerade so viel Wasser, wie notwendig ist, um die Masse **feucht** zu halten - besonders das Hinzufügen des Wassers sollte vorsichtig geschehen.

Für eine Blockhütte sollten die Stirnseiten des Fundaments um eine halbe Stammdicke höher werden als die Längsseiten. Der verarbeitete Mörtel sollte vor einer ersten Belastung wenigstens **sechs Tage ruhen**. Zwar ist er erst nach etwa einem Monat völlig ausgehärtet, doch wird es wohl auch mindestens so lange dauern, bis das Gewicht des gesamten Gebäudes auf dem Fundament ruht.

Vorbereiten der Stämme

Während das Fundament ruht, können Sie mit der Bearbeitung der Stämme beginnen. Tun Sie dies **nicht direkt auf dem Holzstapel**, da dieser in Bewegung geraten könnte und zudem Holzabfälle dort sehr hinderlich wären. Um die Stämme vom Stapel herunterzubekommen, ist eine Rampe mit Stufen praktisch. Zu ihrer Konstruktion kommen nur sehr dicke Balken in Frage, da diese durch das Herausschneiden der Stufen viel von ihrer Tragfähigkeit einbüßen.

Um die Stämme besser bearbeiten zu können, legen Sie gleich neben dem Stapel und rechtwinklig zu diesem zwei dicke Balken als Unterlage auf den Boden. Zuerst wird von den Stämmen sämtliche Rinde entfernt, doch sollen Sie keinesfalls mehr Stämme schälen, als Sie in wenigen Tagen verwenden können. Die Rinde bildet den **besten Schutz** gegen Witterungseinflüsse und sonstige Schäden.

Nach dem Schälen wird der Stamm mit Klammern an den darunter liegenden Balken so sicher befestigt, dass er **nicht rollen oder rutschen kann**. Spannen Sie mit Nägeln eine Schnur, die Sie zuvor in Kreidestaub getaucht haben, von einem Ende des Stammes zum anderen. Wenn Sie die straff gespannte Schnur in der Mitte anheben und auf den Stamm zurückschnellen lassen, erhalten Sie eine im wahrsten Sinne des Wortes **schnurgerade Markierung**. Entfernen Sie

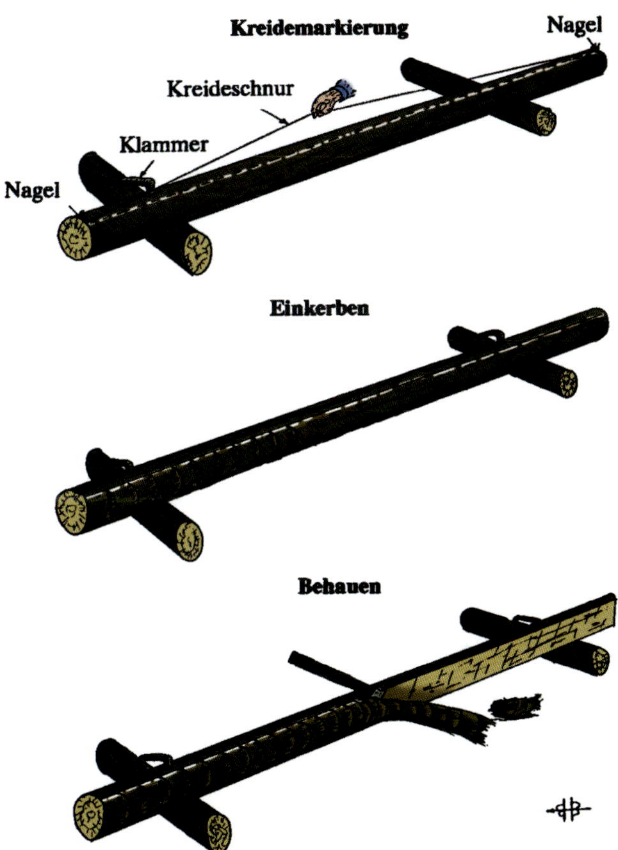
Kreidemarkierung
Nagel
Kreideschnur
Klammer
Nagel
Einkerben
Behauen

anschließend die Kreideschnur. Auf dem Stamm stehend, führen Sie in 10 bis 15 cm Abstand mit einem Beil senkrechte Schnitte aus, die gerade so tief gehen sollten, dass sie die Kreidemarkierung erreichen (☞ Zeichnung). Wenn Sie nun mit einer großen Axt von oben an der Markierung entlang den Stamm behauen, wird das überschüssige Holz stückweise seitlich wegbrechen. Bedenken Sie, dass diese Arbeit einige Übung erfordert.

Der eigentliche Bau der Blockhütte

Die ersten Schritte: Nachdem Sie vier Stämme beidseitig behauen haben (zwei für die Längs- und zwei für die Stirnseiten), legen Sie die beiden längeren Stämme auf das Fundament. Sie werden, rechtwinklig zum Verlauf der Bodenbretter, die Grundlage der Seitenwände bilden. Legen Sie sie so, dass die breiteren Stammenden jeweils in die gleiche Richtung weisen. Nachdem auch die Stämme für die Stirnseiten unter Beachtung dieser Regel aufgelegt wurden, beginnen Sie mit der Verzinkung. Ich finde, dass die runde Verzinkung mit überstehenden Stammenden die für ein Blockhaus praktischste und optisch ansprechendste Lösung ist.

Legen Sie die Stämme für die Breitseiten so auf die der Längsseiten, dass sie mindestens 50 cm überstehen. Nachdem das Gebäude fertiggestellt ist, werden alle überstehenden Stammenden an den Ecken auf dieselbe Länge geschnitten. Erstmal brauchen Sie aber die Reißahle, um saubere Vertiefungen zu erhalten.

Richten Sie die Reißahle nach dem breitesten Abstand zwischen Fundament und Stamm aus. Halten Sie die Angriffspunkte senkrecht übereinander und den Griff in bestmöglicher Stellung. Führen Sie den Strich über die Vertiefung hinweg auf das überstehende Ende des Stammes. Zeichnen Sie Außen- wie Innenseiten an. Drehen Sie die Stämme um und entfernen Sie das Holz innerhalb der angezeichneten Linien. Sorgfältiges Arbeiten ergibt Kerben, die ein späteres Verfugen fast oder ganz überflüssig machen.

Reißahle

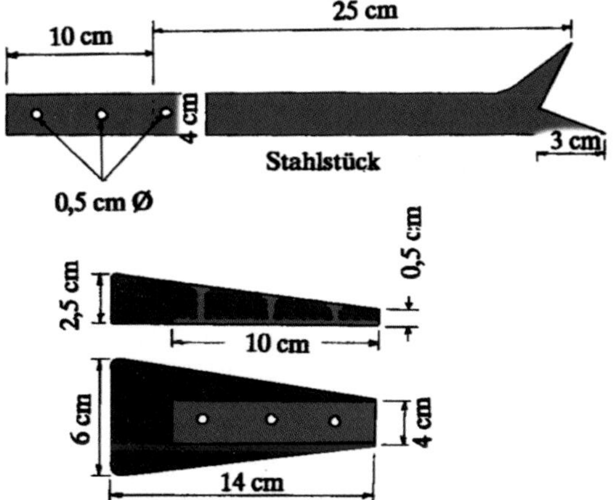

Holzgriff, Seitenansicht (oben) und Draufsicht

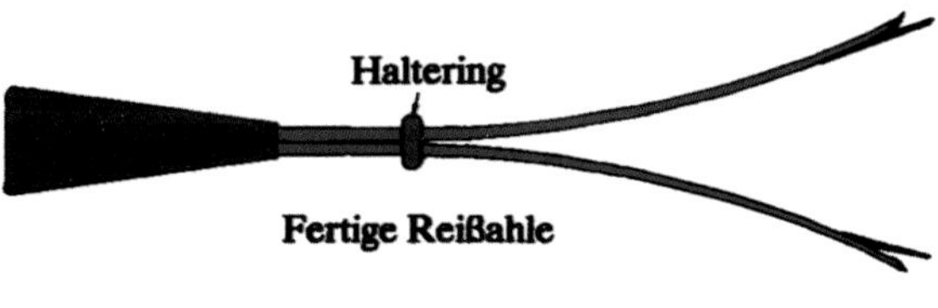

Fertige Reißahle

Fußbodenbalken

Als Nächstes müssen Kerben für die Bodenbalken geschnitten werden. Die Balken sind mittelgroße Stämme (20 bis 25 cm Durchmesser), die von einer Seite behauen werden, damit auf ihrer flachen Seite später der Unterboden aufliegen kann. Die Bodenbalken sollten im Abstand von 40 cm angebracht werden, damit man einen soliden Fußboden erhält.

Wenn die Breite des Blockhauses über 3 m liegt, ist ein **Stützbalken** unter den Bodenbalken notwendig. Dieser Stützbalken sollte durch die gesamte Länge des Hauses verlaufen und auf Steinblöcken mit höchstens 3 m Abstand zueinander ruhen. Keile füllen den Raum zwischen Stütz- und Bodenbalken aus.

Mit Hilfe der Kreideschnur wird in der Mitte der Fundamentstämme der Breitseiten eine Linie markiert, die den Sitz der Bodenbalken festlegt. Die Kerben werden mit einer Holzsäge und einem 2,5-cm-Stechbeitel gemacht. Schneiden Sie die Bodenbalken auf die richtige Länge zu und die Enden glatt. Es ist wichtig, dass alle Enden von der Oberfläche aus gemessen dieselben Höhen- und Breitenmaße haben. Wenn das nicht der Fall ist, wird der Boden uneben. Nachdem alle Bodenbalken gelegt sind, bohren Sie 2,5-cm-Löcher durch die Fundamentstämme und die Zinken der Bodenbalken und treiben einen hölzernen Dübel hinein. So wird verhindert, dass die Verzinkung sich später unter dem Druck der Mauern löst.

Die nächste Lage

Markieren Sie als nächstes die Türöffnungen, bevor Sie mit der zweiten Lage beginnen. Heben Sie erst mit Hilfe der Rampe den Stamm für die gegenüberliegende Seite an und rollen Sie ihn hinüber, bevor Sie den Stamm für die nahegelegene Längsseite auflegen. Legen Sie die Stämme direkt auf die Fundamentbalken. Markieren Sie den Stamm auf seiner gesamten Länge sowie die Kerben.

Drehen Sie den Stamm um und sichern Sie ihn mit Klammern, bevor Sie mit dem Behauen beginnen. Wenn Sie eine glatte Oberfläche und die Kerben ausgeführt haben, rollen Sie den Stamm zurück auf seinen Platz und prüfen Sie, ob er auf den darunterliegenden Stamm passt.

Runde Zinke

Schwalbenschwanzzinke

angezeichnete Linien

grobe Kerbe

ausgearbeitete Kerbe

Anwendung der Reißahle

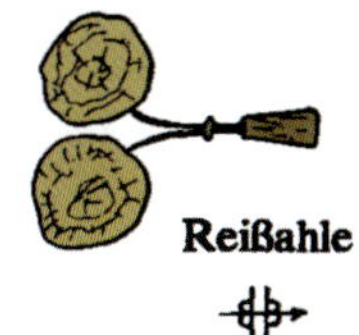

Reißahle

Nehmen Sie, wenn notwendig, Korrekturen vor, um die Stämme einander anzupassen.

Rollen Sie dann den Stamm zurück und schneiden Sie der vollen Länge nach eine V-förmige Kerbe hinein. Diese Nut wird später mit Isoliermaterial gefüllt - beispielsweise aus dem Wald gesammeltes Moos.

Übertragen Sie die Markierung von den Fundamentstämmen auf die der zweiten Lage und bohren Sie mit einem 5-cm-Bohreinsatz ein Loch durch den zweiten Stamm mit ca. 10 cm Abstand zur Türöffnung. Markieren Sie jede Seite, damit die Zapflöcher später eingeschnitten werden können.

Bohren Sie jetzt ebenfalls ein Loch halb durch den Türschwellenstamm, im selben Abstand zur Türöffnung. Wiederholen Sie diesen Vorgang bei jedem Stamm, während Sie die Wände um Tür- und Fensteröffnungen herum hochziehen, bis die zweite Lage von Stämmen über den Öffnungen fertiggestellt ist. Füllen Sie die Nut mit Moos und rollen Sie den Stamm an seinen Platz.

Wände

Das Aussehen Ihres Blockhauses hängt weitgehend davon ab, wie gerade die Wände sind. Während Sie sie hochziehen, werden Sie merken, dass die Wände die Tendenz zeigen, sich nach innen zu neigen. Eine Wasserwaage eignet sich aufgrund der Unebenheit der Stämme nicht als Hilfsmittel.

Sie werden entscheiden müssen, ob Außenkante, Innenkante oder der Mittelpunkt der Stämme in einer Flucht liegen soll. Ich richte die Mauern nach dem Mittelpunkt aus, da das Blockhaus dadurch ein natürlicheres Aussehen erhält.

Wenn Sie sich ebenfalls dafür entscheiden, den Mittelpunkt als Senkrechte zu nehmen, verwenden Sie ein Senkblei. Bevor Sie die Kerben schneiden, prüfen Sie mit dem Senkblei, ob die Stämme genau senkrecht aufeinanderliegen.

Die weitere Arbeit wird Ihnen Freude machen. Je mehr Übung Sie bekommen, desto dichter werden die Verzinkungen, die Kerben genauer und Sie werden mit aller Berechtigung stolz auf sich sein können.

Fundamentstämme und Bodenbalken

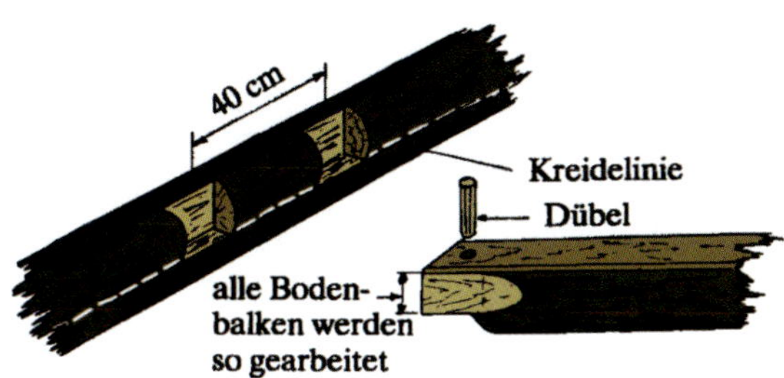

Tür- und Fensteröffnungen

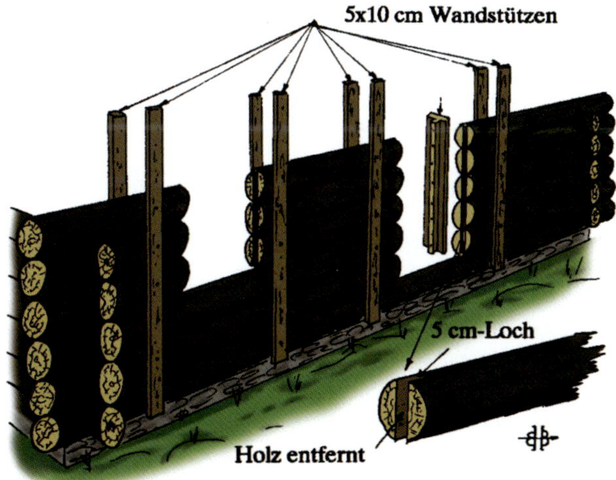

Besonders schön an einem selbstgebauten Blockhaus ist, dass jeder Stamm für den Rest Ihres Lebens mit Erinnerungen verbunden ist. Wenn Sie in Ihrem warmen, gemütlichen Wohnzimmer sitzen, während draußen ein Schneesturm tobt, erinnern Sie sich vielleicht an einen besonders schwierigen Stamm, oder eine Narbe an Ihrer Hand oder Ihrem Bein lässt Sie an einen ganz besonderen Balken denken. Glauben Sie mir, Sie werden finden, dass sich die Mühe gelohnt hat.

Giebel

Das Blockhaus wird an Attraktivität gewinnen, wenn Sie für den Giebel Stämme verwenden. Der größere Aufwand lohnt sich. Bestimmen Sie zuerst den Neigungsgrad des Daches. Den geeigneten Neigungsgrad erhalten Sie, indem Sie die Breite des Hauses durch die Höhe (vom obersten Seitenstamm aus gemessen) teilen. Wenn z.B. die Breite 9 m und die Dachhöhe 3 m beträgt, sollte der Neigungsgrad 3 m : 9 m = 1 zu 3 sein. Ein Dach mit einem geringeren Gefälle als 1 zu 5 eignet sich nicht für die Abdeckung mit Schindeln, außerdem wird der Druck einer Schneelast im Winter zu hoch.

Dann müssen Sie bestimmen, wo der Dachfirstbalken entlanglaufend soll. Treiben Sie an den Enden der obersten Stämme der Längsseiten kleine Nägel nicht ganz ein und befestigen Sie Draht an jedem. Messen Sie vom Mittelpunkt der obersten Balken einer Breitseite 3 m nach unten und schlagen Sie auch dort einen Nagel ein. Befestigen Sie die Drähte an ihm. Lösen Sie diesen Mittelnagel nun wieder und schlagen Sie ihn in eine lange, schmale Stange ein. Richten Sie die Stange so über dem Gebäude auf, dass beide Drähte gleich stark gespannt sind. Dieser Punkt wird ein Ende des Dachfirstes. Wiederholen Sie diesen Vorgang an der anderen Seite und bestimmen Sie auch den zweiten Endpunkt des Dachfirstes. Legen Sie einen Stamm auf das Giebelende (es kann erforderlich sein, innen und außen am Gebäude Bretter anzunageln, um den Stamm an seinem Platz zu halten). Bohren Sie ein Loch durch den obersten Stamm und den direkt darunterliegenden und treiben Sie einen Hartholzdübel hinein. Schneiden Sie die Enden der Stämme entlang der gespannten Drähte ab, bevor Sie zum nächsten Stamm übergehen. Bearbeiten Sie jeweils beide Enden gleichzeitig. Die Dachverstrebungen werden Ihnen viel Klettern ersparen; Sie können

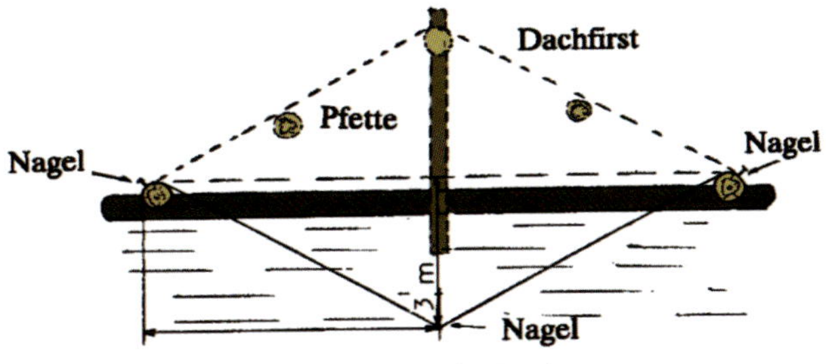

Senkrechter Querschnitt durch die Breitseite des Hauses

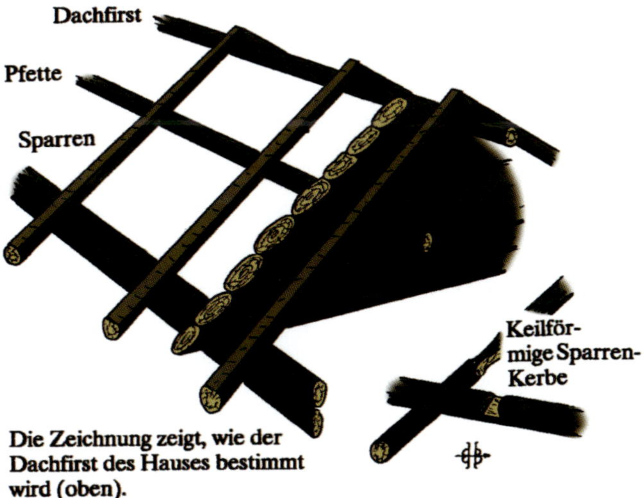

Die Zeichnung zeigt, wie der Dachfirst des Hauses bestimmt wird (oben).

auf dem Dach gehen. Eine Pfette (ein waagerechter, tragender Balken im Dachstuhl) auf halber Höhe parallel zum Firstbalken zur Unterstützung der Sparren reicht im Allgemeinen aus.

Sparren

Als Nächstes werden die gezinkten Sparren in die Seitenbalken eingefügt. Die Sparren sollten so geschnitten sein, dass sie sich am First treffen. Die Kerben für die Sparren in den Seitenbalken sollten leicht konisch gearbeitet sein. Dann werden die keilförmigen Zinken der Sparren eingefügt.

Lassen Sie die beiden Enden der Sparren etwas überstehen. Legen Sie die oberen Enden von jeder Seite an den Firstbalken und schneiden Sie sie zu. Nachdem alle Sparren angebracht sind, schneiden Sie die überstehenden Enden auf gleiche Länge.

Das Dach decken

Früher waren Blumen, die auf Dächern von Blockhäusern wuchsen, keine Seltenheit. Die damals gebräuchliche Torfdeckung erfüllte zwei Zwecke: Während der warmen Jahreszeit war sie durch den Bewuchs feuersicher, im Winter wirkte sie als Isolierung. Ein Nachteil der Torfdeckung ist ihr Gewicht. Außerdem müssen Sie längere Grassorten mit stark ausgebildeten Wurzelsystemen anpflanzen, damit nicht schon der erste Regen den Torf herunterwäscht.

Zedernholzschindeln oder Ziegel eignen sich am besten als Deckmaterial. Es ist nicht erforderlich, das Dach vollkommen mit Latten abzudecken. Bringen Sie nur ein Gerüst für die Schindeln an. Als Vorsichtsmaßnahme gegen ein möglicherweise undichtes Dach lege ich starke Dachpappe unter die Schindeln.

Sie können Ihre Dachschindeln leicht aus einem großen, in der Mitte zu verrotten beginnenden Zedernstamm herstellen. Vierteln Sie den Stamm der Länge nach und lassen Sie das Holz trocknen.

Lassen Sie beim Schmied aus einem alten Tragfederblatt einen „Scheibenschneider“ herstellen. Er soll die ganze Tragfeder erhitzen, die leichte Krümmung herausnehmen und, wenn das Teil wieder fest ist, ein Loch an einem Ende anbringen. Stecken Sie einen Holzgriff

Herstellung von Dachschindeln
Hartholzhammer
Spaltmesser
Hohler Zedernstamm

durch das Loch, machen Sie sich noch einen Hartholzhammer und Sie können eigene Schindeln herstellen.

Die Schindeln sollten ca. 1,5 cm stark sein. Drehen Sie den Holzblock nach jeder geschnittenen Schindel um, damit Sie gleichmäßig spitz zulaufende Schindeln erhalten.

Fangen Sie mit dem Dachdecken an der Dachrinne an und nageln Sie die Schindeln am oberen Ende mit 4 cm langen, galvanisierten Nägeln an die Dachlatten an. Die nächste Lage Schindeln sollte ein Drittel der Länge der vorhergehenden und die Spalten zwischen ihnen bedecken.

Zeichnen Sie eine Kreidelinie entlang des Daches an, damit die Schindelreihen gerade werden.

Isolierung

Dach- und Bodenisolierung sind die wichtigsten Voraussetzungen für ein warmes Haus. Bevor Sie mit der Isolierung des Fußbodens anfangen, nageln Sie Maschendraht an den Bodenbalken fest, und zwar so, dass zwischen ihnen Taschen entstehen.

Legen Sie Plastikplane auf den Draht und füllen Sie die Taschen mit einer Mischung aus Sägespänen und Kalk. Der Kalk verhindert, dass irgendwelche Tiere Nester im Sägemehl bauen. Auf das Dach legen Sie ebenfalls eine Plastikplane und decken diese mindestens 15 cm hoch mit Glaswolle ab.

Konstruktion des Kamins

Ein Kamin hat den Vorteil, dass er die Zugluft in Bodennähe vermindert. An der Außenseite sollte eine Tür zum Entfernen der Asche angebracht werden. Kleiden Sie den Kamin auf jeden Fall mit Schamott aus. Eine geeignete Mörtelmischung für den Bau besteht aus 1 Teil Mauerzement, ¼ Teil Portlandzement und 3 Teilen nassem Mörtelsand.

Die Stärke des Schamotts sollte bei der Dimensionierung der Kaminöffnung berücksichtigt werden, die nicht kleiner als 20 bis 30 cm sein darf.

Die Vorderseite der Öffnung sollte breiter sein als die Rückseite. Die Rückseite wird mit einer Neigung nach vorne gebaut, so dass sie

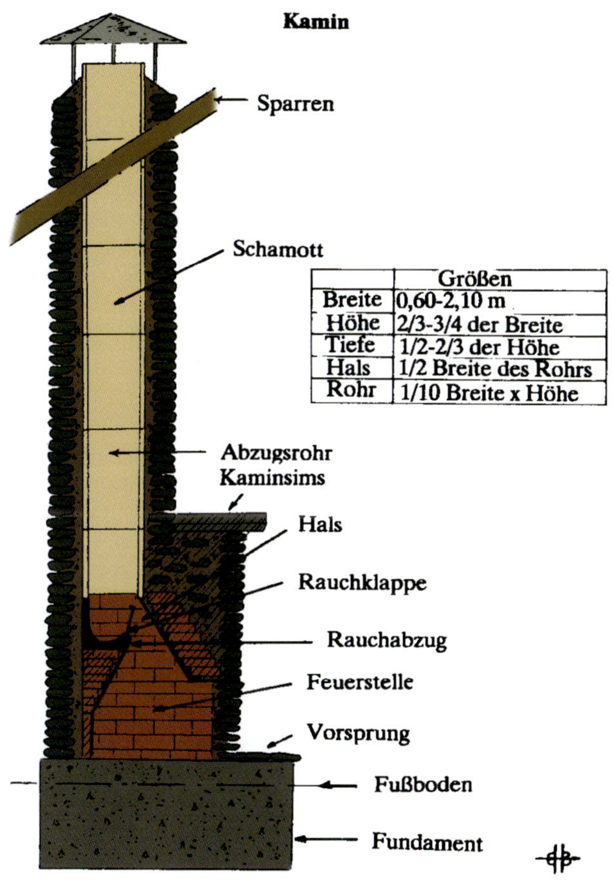

	Größen
Breite	0,60-2,10 m
Höhe	2/3-3/4 der Breite
Tiefe	1/2-2/3 der Höhe
Hals	1/2 Breite des Rohrs
Rohr	1/10 Breite x Höhe

in den Kaminhals übergeht. Ziehen Sie die Rückwand bis zur Hälfte der Öffnung senkrecht hoch. Sie sollte mindestens zwei Drittel der Breite der Öffnung ausmachen.

Setzen Sie den Kaminhals so weit wie möglich nach vorne, damit er eine möglichst effektive Ecke bildet. Kaufen Sie eine leicht zu handhabende Rauchklappe, die genau in die Kaminhalsöffnung passt. Umgeben Sie die Feuerstelle mit feuerfesten Ziegeln und Schamott.

☺ Achten Sie darauf, dass die Kaminwände so dick sind, dass sie einen sicheren Feuerschutz bilden. Massive Mauern sollten mindestens 20 cm und solche aus Hohlsteinen mindestens 30 cm stark sein.

Bauen Sie die Feuerstelle möglichst völlig innerhalb der Hausmauern, nicht außerhalb. Ein heißer Schornstein zieht wesentlich besser und speichert genügend Wärme, um das Haus über Nacht warm zu halten.

Umgeben Sie das Mauerwerk am besten noch mit einer **Verblendung aus Metall**.

☺ Es ist bei einem Blockhaus sehr wichtig, dass der Kamin **keinerlei Verbindungen** zu den Stämmen hat. Wenn die Stämme schrumpfen, könnten Risse zwischen ihnen entstehen, so dass der Kamin beschädigt wird. Lassen Sie 5 bis 8 cm Abstand zwischen dem Dachmaterial und den Stämmen und ebenfalls 5 bis 8 cm zwischen dem Dachmaterial und dem Schornstein. Lassen Sie den Schornstein am besten von einem erfahrenen Schornsteinbauer errichten.

Abschließende Arbeiten

Setzen Sie Fenster- und Türrahmen ein, bringen Sie die Fenster und Türen an und denken Sie daran, mit Isoliermaterial zu verfugen. Als Letztes werden innen und außen die Fensterbretter angebracht.

Die Aufteilung des Hauses durch Innenwände sowie die Einrichtung sind vollkommen Ihren Vorstellungen überlassen. Wenn Sie Stämme für die Innenwände verwenden, denken Sie daran, dass sie in den Mauern verzinkt werden müssen, ohne die Außenwände zu belasten.

Sauna

Meistens war das erste Gebäude, das die Siedler in skandinavischen Ländern bauten, ein Dampfbad oder eine Sauna. Dieses Gebäude aus Zedernholzstämmen war ungefähr 10 bis 15 m^2 groß und diente dem Siedler und seiner Familie als vorübergehende Unterkunft, während er Land rodete und das Blockhaus errichtete.

Man verwendete Zedernstämme - wegen ihres angenehmen Geruchs, wenn sie nass sind, und ihrer Widerstandsfähigkeit gegen Verrottung. Die Deckenhöhe betrug innen nicht mehr als 2,10 m, damit die Hitze sich im Raum staute, wenn er als Sauna genutzt wurde. Das Gebäude bestand im Allgemeinen aus nur einem Raum, später wurde ein Duschraum abgeteilt.

☺ Es ist wichtig, dass Sie direkt im Saunaraum niemals Seife oder Shampoo benutzen, da der Boden dadurch sehr glitschig wird und das Seifenfett in der extremen Hitze schon nach kurzer Zeit widerwärtig riecht.

Wir haben unsere Sauna gebaut, indem wir eine 15 cm starke Betonschicht direkt auf den unbehandelten Boden gossen und darauf das Gebäude aus Rot-Zederstämmen errichteten. Die Feuerstelle ist etwas anders konstruiert als die des Kamins, die Feuerungstüren werden außen angebracht. Der einzige Teil der Feuerstelle, der innerhalb des Gebäudes liegt, ist eine viereckige Kiste, die kleine runde Steine enthält. Dampf in der Sauna wird erzeugt, indem man kaltes Wasser auf die erhitzten Steine schüttet.

Ich benutzte einen 150-l-Tank als Saunaofen. Der Tank wird waagerecht mit dem geschlossenen Ende zum Dampfraum in den niedrigeren Teil des Schornsteins eingesetzt. Um den Tank bauen Sie den Schornstein und die Kiste für die Steine. Sie sollten direkt auf dem Metallboden der Kiste liegen, um die Wärmeübertragung vom Saunaofen zu erleichtern.

Erwerben Sie eine passende Rauchklappe und setzen Sie sie in den Schornstein, um den Luftstrom kontrollieren zu können. Wenn die Feuerung beendet ist, wird die Klappe fast ganz geschlossen, um die Hitze auf die Steine zu konzentrieren. In der Sauna habe ich Bänke in zwei Etagen angebracht. Die abgehärteten Saunagänger benutzen die obere, die anderen genießen die geringere Hitze auf der unteren Bank.

Installieren Sie das Heißwassersystem, indem Sie ein Kupferrohr außen am Gebäude anbringen, das mit elektrischen Kabelklammern am 150-l-Tank befestigt wird. Es wird mit dem einen Ende an das Wassersystem und mit dem anderen an einen alten Wassererhitzungstank angeschlossen. Während die Sauna geheizt wird, erhitzt sich auch das Wasser im Heißwassertank bis zum Siedepunkt.

Räucherkammer

Das Räuchern von Fisch und Fleisch ist ein seit Jahrhunderten bekanntes Mittel, diese Nahrungsmittel haltbar zu machen. Wir wissen, dass so die frühen Siedler (wie auch die Indianer) Fleisch und Fisch mit Holzrauch garten und konservierten.

Der Vorgang des Räucherns besteht nicht nur aus der tatsächlichen Rauchbehandlung, sondern auch aus der Vorbereitung des Produkts (einlegen in Lake, trocknen, Wärmebehandlung). Das Ergebnis hängt weitgehend von Ihrer Erfahrung, der Qualität der Kontrolle und natürlich der Qualität des Fleisches ab. Genauso wichtig ist aber eine gute Ausrüstung.

Es gibt drei Arten von einfachen Räucherkammern: die umgekehrt nach dem Prinzip des Kühlschranks gebaute, eine aus einem Öltank und eine aus einem Holzfass hergestellte. Alle drei erfüllen ihre Aufgabe, aber bei weitem am besten ist die **Dauerräucherkammer**

So wird sie gebaut: Bilden Sie ein Fundament aus 0,5 m² großen und 60 cm starken Zementblöcken. Graben Sie einen Kanal von 3 m Länge und 45 cm Tiefe für das Rauchrohr. Am Ende des Kanals wird die Feuerungsbox angebaut. Sie sollte einen Durchmesser von 90 cm und eine Höhe von 60 cm haben. Boden und Seiten werden mit feuerfesten Ziegeln umgeben.

Lassen Sie in der Feuerungsbox eine Öffnung für das Rauchrohr (verwenden Sie ein normales 15-cm-Ofenrohr dafür), das von dort ausgehend zur Mitte des Fundaments führt. Bringen Sie am Ende des Rohrs, das aus dem Fundament ragt, eine Rauchklappe an, die Sie von

Sauna

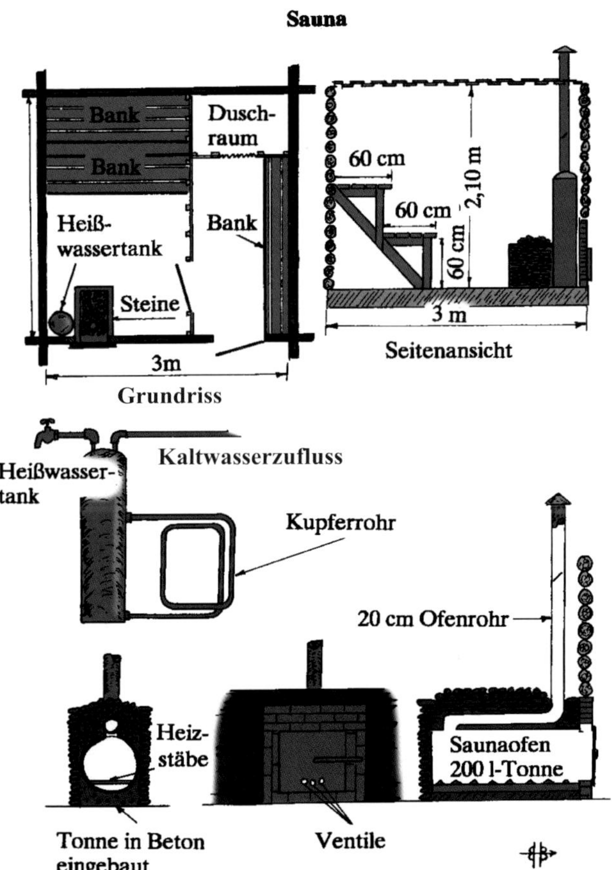
Bank
Bank
Dusch-
raum
Heiß-
wassertank
Bank
Steine
3m
Grundriss
60 cm
60 cm
60 cm
2,10 m
3 m
Seitenansicht
Heißwasser-
tank
Kaltwasserzufluss
Kupferrohr
20 cm Ofenrohr
Heiz-
stäbe
Saunaofen
200 l-Tonne
Tonne in Beton
eingebaut
Ventile

außen bedienen, so dass Sie Hitze und Rauch regulieren können. Bedecken Sie das Rohr mit Erde oder Sand.

An das Rohr im Fundament wird ein Rauchverteiler angebaut. Er besteht aus einem galvanisierten Wassereimer, in dessen Boden und Seiten Sie 2 cm große Löcher bohren. Setzen Sie den Eimer direkt über die Öffnung des Rohrs; er wird den Rauch gleichmäßig in der Räucherkammer verteilen. Jetzt können Sie mit dem Überbau beginnen - einem kleinen, hölzernen Gebäude mit einer Fläche von 1,5 m^2 und einem schrägen, 2 m hohen Dach.

Die Vorderseite besteht aus zwei Türen. Installieren Sie eine verstellbare Öffnung im Dach, aus der der Rauch entweichen kann. Sie können auch mehrere Reihen 5 cm großer Löcher in die Decke der Räucherkammer bohren und ein Schiebedach anbringen, das es Ihnen ermöglicht, die Anzahl der offenen Löcher und damit die entweichende Rauchmenge zu bestimmen.

Etwa 30 cm über dem Boden bauen Sie einen zweiten Boden ein. Bohren Sie eine Reihe von 2,5 cm großen Löchern in 5 cm Abständen. An beiden Seiten werden hölzerne Leisten, jeweils 30 cm übereinander, angebracht, auf die später die Stöcke mit den dranhängenden Fischen oder die Roste für Fleisch und Käse aufgelegt werden.

Nageln Sie doppelt gelegte Packleinwand unter das Dach, damit die Feuchtigkeit, die sich an regnerischen Tagen an der Decke der Räucherkammer absetzt, aufgesogen wird. Ein quadratisches Stück Metall mit einem Zugkontrolloch auf der Feuerbox vervollständigt die Konstruktion.

Bau einer Räucherkammer

Arbeiten in der ruhigen Jahreszeit

Mitte Dezember erwachten wir eines Morgens, um festzustellen, dass der erste Schneesturm unsere Farm mit 2 m hohen Schneewehen bedeckt hatte. Schieber und Schaufel standen seit über einem Monat bereit, und ich hatte heimlich auf einen leichten Schneefall gehofft, um mich mit der Technik des Schneeschiebens vertraut zu machen. Erst mal musste mit der Schaufel ein Weg zur Scheune freigeschaufelt werden.

Ich versuchte, die Tür langsam zu öffnen und die Schaufel zu finden, die ich meinte, neben die Tür gestellt zu haben. Sie war natürlich nicht da. Dann erinnerte ich mich, dass ich während der häufigen Regenfälle im Oktober Kanäle in den Boden gegraben hatte, um das Wasser von der Haustür wegzulenken. Jetzt hatte ich mich durch hüfttiefen Schnee zu kämpfen, um sie zu finden: typisch für mich, nach Geräten zu suchen, weil ich immer vergesse, sie an ihren Platz zurückzustellen.

Nach diesem frühen Dezemberschnee war es mit der Arbeit draußen vorbei, und ich begann mit den zahlreichen **Winterprojekten**, die ich mir vorgenommen hatte. Wir hatten für den Frühling Bienen bestellt. Deshalb war die wichtigste Aufgabe, geeignete Behausungen für die 27.000 Honigproduzenten zu bauen, bevor sie im April ankommen würden.

Bienenstöcke

Nach der Lektüre verschiedener Bücher über Bienenzucht entschieden wir uns, den nordamerikanischen Standardbienenkorb zu bauen. Er wurde nach seinem Erfinder Langstroth benannt, der 1851 das „Bienenraum-Prinzip" entdeckte. Dieser Raum (ca. 1 cm) ist der Platz zwischen den Rahmen, groß genug, um Bienen durchzulassen, zu klein für die Bienen, ihn nun mit Wachs auszufüllen. Jeder, der mit Werkzeugen umgehen kann, wird seine eigenen Bienenstöcke und Rahmen schnell bauen können.

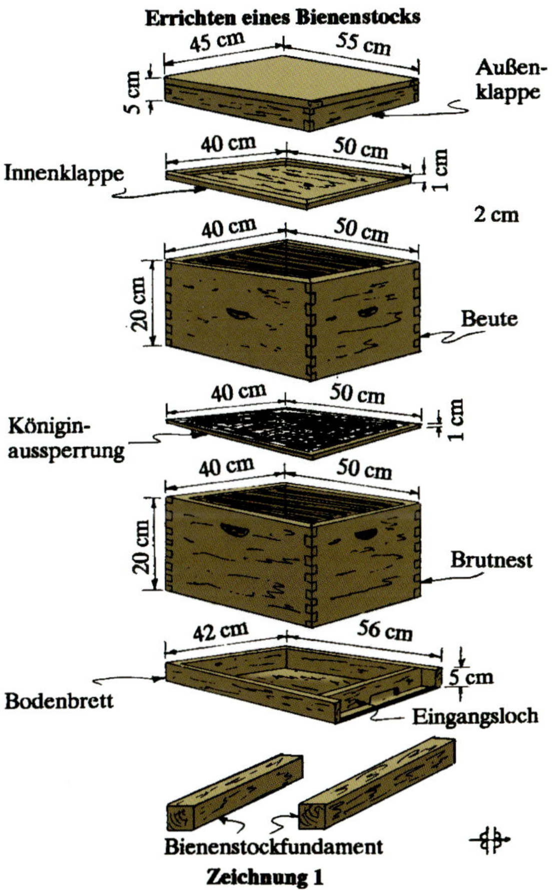
Errichten eines Bienenstocks
45 cm
55 cm
5 cm
Außen-
klappe
40 cm
50 cm
Innenklappe
1 cm
2 cm
40 cm
50 cm
20 cm
Beute
40 cm
50 cm
Königin-
aussperrung
1 cm
40 cm
50 cm
20 cm
Brutnest
42 cm
56 cm
5 cm
Bodenbrett
Eingangsloch
Bienenstockfundament
Zeichnung 1

☺ Achtung: Halten Sie auf jeden Fall die in den Anleitungen angegebenen Maße ein, sonst haben Sie später große Schwierigkeiten beim Einlegen des Grundwachses. Es wird den Standardrahmen gemäß hergestellt. Wenn es Zeit wird, die Rahmen in die Beuten einzusetzen, müssen sie passen. Das ist nicht nur wichtig für die Außenmaße, sondern auch für die Abstände zwischen den Rahmen. Wenn die Abstände zu nah geraten sind, können Probleme mit der Kontrolle der Bienen auftreten. Wenn die Rahmen dagegen zu weit voneinander entfernt sind, bauen die Bienen Waben dazwischen und verbinden die Rahmen mit anderen beweglichen Teilen des Stocks, was Ihre Arbeit erschwert.

Die Standardausstattung eines Bienenstockes für den normalen Bedarf sind ein Bodenbrett, drei bis fünf Beuten, die sowohl als Brutnester wie für die Honigsammlung benutzt werden können (einmal als Brutnest benutzt, wird man die Beute aber nicht wieder für die Honiggewinnung einsetzen), sowie eine innere und eine äußere Deckklappe. Die äußere sollte mit Metall beschlagen sein. Zusätzlich brauchen Sie eine Königinaussperrung und Stein- oder Holzblöcke als Fundament für die Bienenstöcke (☞ Zeichnung 1).

Material

Bei weitem das beste Material sowohl für den Körper als auch für die Innenteile des Bienenstocks ist Kiefernholz. Für die Rahmen kann auch Lindenholz verwendet werden. Wenn der Bienenstock zusammengesetzt ist, sollte er in einer hellen Farbe gestrichen werden.

Rahmen

Die Konstruktion dieser Teile erfordert am meisten Zeit, Geduld und Präzision. Wenn Sie hier ungenau arbeiten, werden Sie viel Ärger mit dem Anbringen des Grundwachses haben.

Dachbrett

Das Dachbrett wird aus einem ca. 2 cm starken Brett hergestellt, das in 2,5 x 50 cm große Streifen geschnitten wird. Von jedem Streifen muss ein 1 x 1 cm breites Eckstück abgesägt werden (☞ Zeichnung 2). Es hält, später wieder eingesetzt, das Grundwachs an seinem Platz.

Rahmen für den Bienenstock

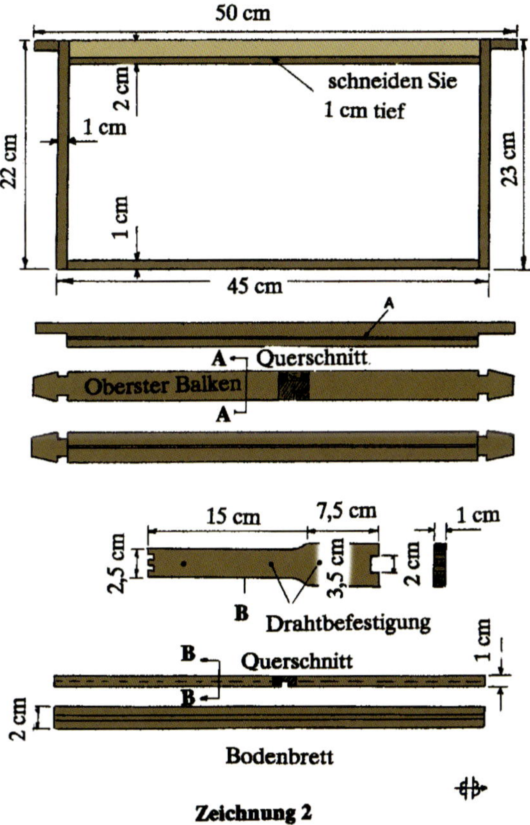

Zeichnung 2

Seitenwände

Sie bestehen aus 3,5 cm starken Holzbrettern. Nachdem die Führungen für die Rahmen in den richtigen Abständen eingeschnitten sind, werden die Bretter in 1 cm breite Leisten geteilt.

Bodenbretter

Ein 2 cm starkes und 45 cm langes Brett wird in 1 cm breite Streifen geschnitten, sägen Sie entlang der Mittellinie eine 5 mm tiefe Nut. Dann werden die Einschnitte für die Rahmen ausgeführt. Die Rahmen werden mit Spezialnägeln zusammengenagelt, die Sie in einem Imkerfachgeschäft erhalten.

Wenn die Rahmen angebracht sind, bohren Sie vier Löcher mit 2 bis 3 mm Durchmesser in die Seiten der Rahmen. Sie dienen zur Befestigung des Drahtnetzes (☞ Zeichnung 2). Zur Erleichterung der Arbeit machen Sie sich am besten ein Montagegestell, das Ihnen ermöglicht, zehn Rahmen zugleich anzubringen.

Um das Grundwachs einzusetzen, benötigen Sie eine Platte von der Größe der Rahmenfläche. Sie wird in heißes Wasser getaucht, so dass das Grundwachs in die Rahmen gelegt und mit der warmen Platte leicht geschmolzen werden kann, damit Sie den Draht darin einbetten können. Eine weitere Möglichkeit ist, den Draht zum Einbetten mit Hilfe von Strom zu erhitzen.

Sie benötigen zehn Rahmen für die Brutnester und neun für jede andere Beute. Man kann bis zu drei Beuten als Brutnester verwenden, damit die Bienen genügend Platz haben, um ihren Honig unterzubringen. Wenn sie während der Honigsaison nicht ausreichend Lagerplatz haben, wird das Risiko des Herumschwärmens sehr viel größer.

Zapfvorrichtungen für Ahornsirup

Die Indianer schnitten zum Zapfen des Ahornsaftes eine V-förmige Kerbe in die Rinde der Bäume und steckten ein Stück Birkenrinde als Abflusshahn in den Schnitt. Dann setzten sie nur noch einen ausgehöhlten Baumstumpf darunter, um den Saft aufzufangen.

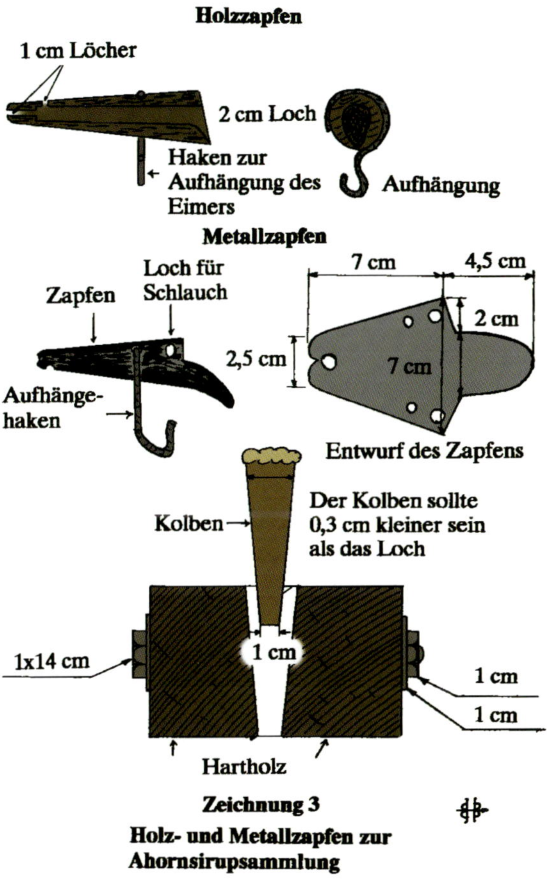

Zeichnung 3

Holz- und Metallzapfen zur Ahornsirupsammlung

Als die Einwanderer den Ahornsirup schätzen lernten, entwickelten sie verbesserte Zapfmethoden, indem sie Löcher in die Stämme bohrten und hölzerne Zapfen einsetzten. Später wurden die Zapfvorrichtungen aus Metall hergestellt.

Nach der neuesten Methode verwendet man Nylonschläuche, die in einem Auffangtank zusammenlaufen. Das erspart die Arbeit, die Auffanggeräte an den Bäumen einzeln in einen Sammelbehälter zu entleeren. Zapfvorrichtungen kann man in Fachgeschäften bekommen oder selbst aus Holz und Metall herstellen.

... aus Holz

Man sollte Hartholz verwenden, Eiche oder Esche sind ideal. Wenn Sie eine Hobelbank haben, sind die Zapfvorrichtungen einfach herzustellen. Wenn nicht, können Sie die Hartholzkeile auch mit einem Messer schnitzen (☞ Zeichnung 3).

Wenn der Holzkörper fertig ist, muss ein Loch der Länge nach hineingebrannt werden. Der Durchmesser des Kanals sollte mindestens 2 cm breit sein. Dann wird an der Unterseite des schmalen Endes ein Loch von 1 cm Durchmesser im rechten Winkel zum Kanal gebohrt (☞ Zeichnung 3).

Holzzapfen können nur ein bis zwei Jahre verwendet werden. Danach sind sie so verrottet, dass sie ersetzt werden müssen.

... aus Metall

Für die Herstellung von Metallzapfen nehme ich galvanisierten Stahl (ca. 2 mm stark), der in Eisenwarengeschäften erhältlich ist. Der Stahl wird mit einer Metallschere bearbeitet, so dass er die in der Zeichnung dargestellte Form erhält. Wenn Sie vorhaben, viele Zapfen herzustellen, machen Sie sich ein Muster aus Hartholz (☞ Zeichnung 3).

Nachdem Sie das Metall gerollt haben, setzen Sie es in das Loch des Musters ein und schlagen mit dem Hammer den Kolben ein. So erhalten Sie perfekt gearbeitete Zapfen.

Jetzt sind nur noch das Loch für den Anhängehaken des Auffangbehälters und das Ausflussloch am schmaleren Ende der Vorrichtung zu bohren. Wählen Sie auch hier einen Durchmesser von 1 cm und bohren Sie an der Unterseite.

Tragegestell/Packrahmen

Ein (selbstgebautes) Tragegestell ist für jeden Siedler erforderlich. Man kann mit ihm Lebensmittel vom Laden nach Hause bringen oder geschossenes Wild transportieren. Ich beschreibe das Modell, mit dem ich die besten Erfahrungen gemacht habe. Der Rahmen kann aus Eschen- oder Eichenholz hergestellt werden, Esche ist jedoch wegen seines geringeren Gewichts eindeutig vorzuziehen. Schneiden Sie zwei 6 cm breite Stücke, 1 cm stark und ungefähr 70 cm lang, für die Seitenteile des Rahmens. Runden Sie die oberen Enden ab (die unteren nicht!).

Dann schneiden Sie zwei 6 cm breite und 2 cm starke Stücke, eins mit 30 und das andere mit 40 cm Länge für die obere und untere Querverstrebung. Verbinden Sie diese mit den Seitenteilen des Rahmens, indem Sie sie verzinken. Flachen Sie die Enden der Querleisten so ab, dass sie in die Kerben der Seitenteile passen. Leimen Sie die Verbindungen fest (☞ Zeichnung).

Bespannen Sie den Rahmen mit starken Nylongurten, wie man ihn zum Flicken von Gartenstühlen verwendet. Ich habe Packrahmen mit solider Zelttuchbespannung gesehen, dieses Material hat aber den Nachteil, dass es auf dem Rücken leicht schwitzig wird.

Tragegestell

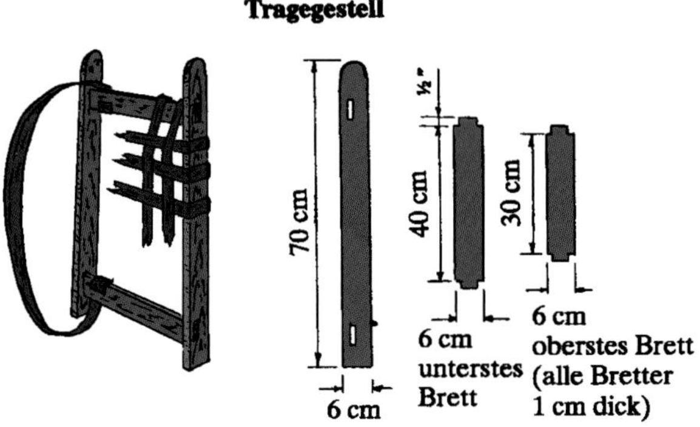

Schlagen Sie die Enden der Gurte zweimal um und befestigen Sie sie mit jeweils zwei Nägeln. Bespannen Sie die Rückseite des Rahmens mit mindestens 5 cm breiten Streifen und spannen den Stoff sehr straff (☞ Zeichnung). Dann befestigen Sie die Schulterriemen in der Mitte der oberen Breitseite dicht nebeneinander. Sichern Sie sie an den Außenseiten der Längsteile mit je einer 2,5-cm-Spange.

Ich habe die Erfahrung gemacht, dass sich schwere, gegerbte Lederriemen, mit Silikon imprägniert, am besten eignen. Die Riemen sollten über den Schultern eine 5 cm breite Auflagefläche haben und sich unter den Armen auf 2,5 cm Breite verjüngen, damit sie nicht scheuern. Befestigen Sie Zelttuch so am Rucksack, dass Sie eine Tasche für das Transportgut erhalten.

Mais- und Bohnenpflanzstab

Mais, Erbsen oder Bohnen auszusäen, ist normalerweise eine rückenbelastende Arbeit, aber es kann auch so einfach gemacht werden, wie ein Spaziergang im Feld mit einem Wanderstab. Man ersetzt nur den Wanderstab durch einen Pflanzstab.

Schneiden Sie Stücke aus einem geraden Kiefernbrett, 10 cm breit und 90 cm lang. Aus diesen Stücken wird der Behälter für die Saat gebaut. Die Spitze des Pflanzstabes wird aus einem Stück Hartholz hergestellt. Der Behälter wird mit Leim und kleinen Nägeln auf der Spitze angebracht. Befestigen Sie an der Innenseite des Behälters zwei kleine Leisten, so dass der Schieber zwischen den Leisten und der Wand auf- und abgleiten kann (☞ Zeichnung 4).

Ein kleines Loch im Boden wird die Spitze mit je einem Samenkorn versorgen. An der Spitze wird eine Metallplatte angebracht, die die Öffnung verschließt, wenn das Gerät in die Erde gedrückt wird, sich aber wieder öffnet, wenn es herausgezogen wird, und so je einen Samen in der Erde lässt (☞ Zeichnung 4).

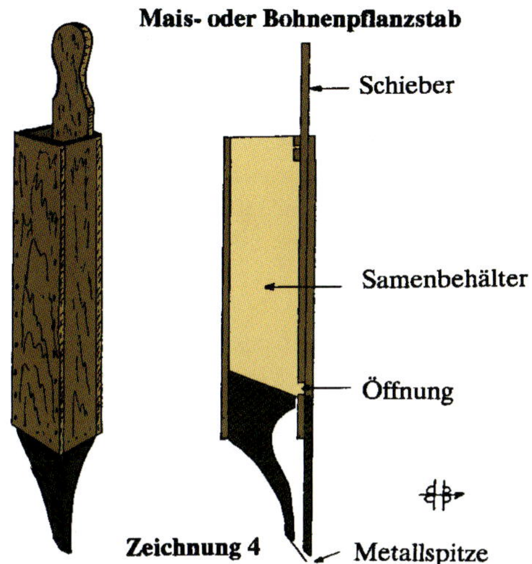

Zeichnung 4

Blockhausmöbel, Betten

Es ist aus vielen Gründen empfehlenswert, Etagenbetten zu bauen. Es spart Platz und ist auch wärmer bei kalter Witterung. Jemand, der einmal mehrere Nächte auf der obersten Etage verbracht hat, wird wohl nicht den Fehler machen, Verkleidungen anzubringen. Sie sehen zwar hübscher aus, stören aber die Luftzirkulation.

Am besten ist ein Bett mit einem federnden Rahmen. Es ist unpraktisch, das Bett an der Wand zu befestigen, da Sie sicher einmal die Möbel umstellen wollen. Der Bedarf an Stauraum in Ihrem Haus wird die Höhe des Bettes bestimmen, sie sollte aber nicht geringer als 75 cm sein. Den Platz darunter können Schränke und Regale füllen. Wahrscheinlich werden Sie aber feststellen, dass es bequemer ist, den Raum mit Türen oder Schiebetüren abzuteilen und ihn zur Lagerung von Kisten und Koffern zu verwenden.

Sie brauchen vier Baumstämme mit 12 cm Durchmesser, ca. 1,80 m lang, für die Bettpfosten, vier Stämme mit ca. 12 cm Durchmesser, 2,30 m lang, für die Längsseiten und vier weitere mit 15 cm Durchmesser, 1 m lang, für die Breitseiten. 20 junge Bäume, ca. 2,5 cm stark, stellen die Federn. Entfernen Sie die Rinde mit einem Ziehmesser, legen Sie die vier Bettpfosten auf den Boden und markieren Sie die Außenlinien für die Kerben an allen vier Pfosten gleichzeitig, damit vermeiden Sie Höhenunterschiede. In jeden Pfosten bohren Sie vier Löcher mit einem 4-cm-Bohreinsatz (☞ Zeichnung 5) und feilen die Löcher aus.

Formen Sie in die Kerben passende Zinken an den Enden der Längs- und Breitseitenstämme. Wenn Sie die Bohrungen für die Längsstämme über denen für die Breitseiten anbringen (☞ Zeichnung 5), können Sie evtl. gelockerte Verzinkungen wieder befestigen, indem Sie die Keile weiter in die Zinken treiben. Bohren Sie in die Stämme der vier Breitseiten 2,5 cm große Löcher im Abstand von 2,5 cm für die Federn (☞ Zeichnung 5).

Nachdem das Bett aufgestellt ist, werden die Federn in die Löcher eingefügt. Verzinken Sie die Federn an einer Breitseite in gleicher Weise wie die Seitenteile. Die Enden an der gegenüberliegenden Breitseite sollten lose in den Löchern liegen, um den Federeffekt zu gewährleisten.

Als Matratze für das Bett wird ein 15 cm dickes Stück Schaumstoff zugeschnitten. Sie können auch einen Matratzenbezug nähen und ihn mit frisch geschnittenem, getrocknetem Heu oder Schilf füllen.

Wenn Sie Letzteres verwenden, achten Sie darauf, dass es trocken ist, und geben Sie zerriebene Mottenkugeln hinein. Dadurch werden Insekten und Würmer vertrieben.

Sprungfederbett

Zeichnung 5

Stühle, Bänke und Tische

Alle diese Möbel können aus behauenen Stämmen hergestellt werden. Sie sind nicht nur praktisch, sondern geben der Einrichtung auch einen rustikalen Charakter. Verwenden Sie für den Tisch einen mindestens 60 cm langen Stamm, spalten Sie ihn, glätten Sie die Oberfläche mit einem Hobel und schmirgeln Sie sie mit Sandpapier. Bohren Sie in die Unterseite 4 cm große Löcher für die Beine. Achten Sie darauf, dass Sie nicht durchbohren.

Einsetzen der Beine

Schneiden Sie kleine Kerben in die Enden, die an der Tischplatte angebracht werden. Formen Sie passende Keile, so dass sie 1 cm überstehen. Treiben Sie das Bein in das Loch der Tischplatte und schlagen Sie den Keil am oberen Ende des Beins ganz ein.

Drehen Sie den Tisch um und schneiden Sie die Beine auf eine einheitliche Länge, indem Sie den Tisch auf eine ebene Fläche legen, mit einem Zollstock die gewünschte Länge abmessen und sie an den Beinen markieren.

Sägen Sie sie dann ab. Bei einem Stuhl oder einer Bank bohren Sie zusätzlich Löcher für die Rückenlehnen. Verzinken Sie sie auf dieselbe Art wie die Tischbeine. Auch die Querbalken der Rückenlehnen werden so befestigt.

Wenn Sie sehen, wie schön die selbstgebauten Möbel sind, werden Sie sicher mehr bauen wollen. Denken Sie aber daran, dass ein Blockhaus rasch überfüllt wirkt. Der amerikanische Schriftsteller Henry David Thoreau, der übrigens zwei Jahre in einer selbstgebauten Blockhütte lebte, hat einmal gesagt, drei Stühle reichten für ein Blockhaus völlig aus: „Einer für das Alleinsein, zwei für Freundschaft und drei für Gesellschaft“.

Bank aus gespaltenem Stamm

Stuhl aus hohlem Stamm

Tisch aus Planken

Zeichnung 6

Butterschale

Wenn man auf dem Land lebt, braucht man ein paar einfache Geräte zur Butter- und Käseherstellung. Die Butter wird in einer Schale mit zwei Spateln von der Buttermilch getrennt. Diese Schale stellen Sie am besten aus der Hälfte eines Lindenstumpfes von 30 cm Durchmesser her. Ebnen Sie die Ober- und Unterseite des Stumpfes mit einem Hobel. Meißeln Sie dann eine Mulde in die Oberfläche. Nehmen Sie ein paar glühende Kohlen aus dem Feuer und legen Sie sie in die Mulde. Die Kohlen brennen sich in das Holz ein; passen Sie auf, dass sie nicht auf den Boden herunterbrennen. Wenn die Aushöhlung die gewünschte Tiefe hat, holen Sie die Kohlen heraus und entfernen mit dem Holzmeißel die Asche.

Zum Schluss schmirgeln Sie die Schale außen und innen ab. Damit haben Sie eine schöne und sehr praktische Butterschale. Die Spatel werden ebenfalls aus Linden- oder Birkenholz hergestellt (☞ Zeichnung 7).

Käsepresse

Die Käseherstellung ist einfach und wenn Sie weit entfernt von einem Laden wohnen, ist sie außerdem notwendig. Während des Sommers bietet sie die Möglichkeit, einen etwaigen Milchüberschuss zu verarbeiten.

Für die Herstellung mancher Käsesorten brauchen Sie eine Käsepresse. Sie besteht aus einem Satz von Lattenrosten und kann auch als Fruchtpresse für Säfte und Apfelwein verwendet werden. Suchen Sie einige 10 x 10 cm große Pinienholzstücke, einige Stangen, Muttern und Abdichtungen heraus. Dann brauchen Sie nur noch einen alten Wagenheber oder einen Dreivierteltonnen-Hydraulikzylinder.

Errichten Sie den Rahmen nach der Anleitung in Zeichnung 8. Das 35 x 35 cm große Grundbrett sollte aus 5 cm starkem Hartholz hergestellt werden. Diese Größe ist nicht für die Käseherstellung, aber für die Fruchtsaftgewinnung erforderlich.

Zeichnung 7

Den Behälter für den Käse kann ein glattwandiger Milcheimer mit herausgeschnittenem Boden abgeben. Der Presskolben für den Käse wird aus zwei Lagen Hartholz mit einer dazwischenliegenden, 2 cm starken Sperrholzschicht hergestellt.

Bringen Sie unter dem Bodenrost eine Auffangwanne an. Bohren Sie ein 2,5 cm großes Loch in die Mitte und setzen Sie ein Schlauchstück ein, durch das die Flüssigkeit in einen Behälter abfließen kann.

Wenn Sie die Presse für Saft verwenden, brauchen Sie noch fünf Lattenroste aus 2,5 und 4 cm breiten und 0,5 cm starken Hartholzstreifen.

Die breiteren Leisten sind für die Kanten. Die mittlere Latte sollte 20 cm länger sein als die anderen, damit Sie die jeweilige Höhe des Lattenrostes feststellen können (☞ Zeichnung 8). Alle Nägel, die mit dem Saft in Berührung kommen, sollten aus rostfreiem Stahl sein. Zur Saftherstellung brauchen Sie eine Auffangwanne aus 2 cm starkem Hartholz, 5 cm tief und 35 x 35 cm groß.

Butterfass

Die Herstellung von Butter ist einfach und macht Spaß. Sie können kleine Mengen in einer sauberen Flasche herstellen, indem Sie Sahne ausreichend lange schütteln. Aber sehr wahrscheinlich werden Sie größere Mengen brauchen.

Ein recht gutes Butterfass lässt sich schon mit einfachsten Mitteln konstruieren. Erforderlich sind: ein plastikbeschichteter Behälter mit 8 l Volumen, ein ausrangiertes Waschmaschinengetriebe, zwei Hartholzstücke, ein hölzerner Deckel und eine Kurbel. Stellen Sie zuerst einen passenden Deckel für den Container aus Sperr- oder Hartholz her. Er muss überall dicht schließen. Bohren Sie ein Loch durch seine Mitte, das im Durchmesser genau der Antriebswelle der Waschmaschinen-Übersetzung entspricht (☞ Zeichnung 9).

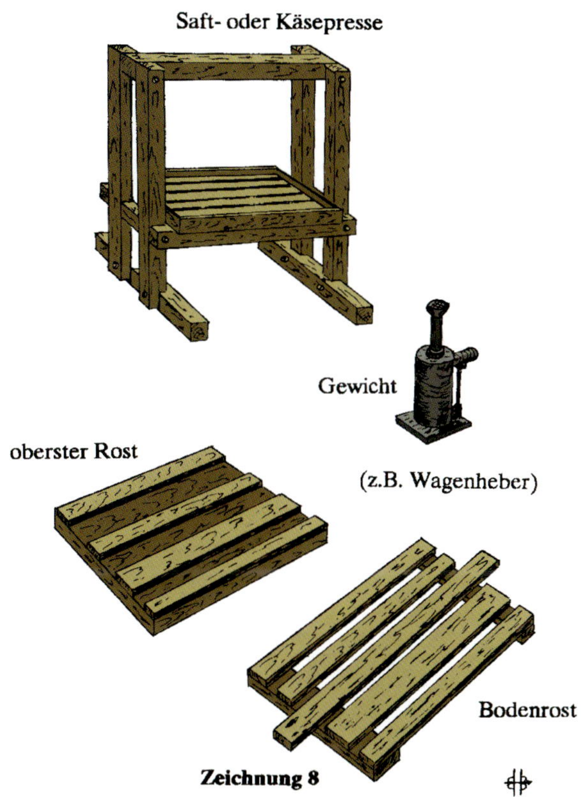

Zeichnung 8

Molke wird, in ein Seihtuch gewickelt, auf das Käsebrett gelegt. Der Rost wird aufgelegt, das Gewicht presst den Käse.

Damit auch an dieser Stelle nichts austritt, dichten Sie die Fassung mit Lampendocht ab. Lassen Sie von einer Werkstatt in das untere Ende der Antriebswelle ein 15 cm breites Gewinde schneiden.

Schneiden Sie die Hartholzstücke auf ca. 8 cm Breite zu. Die Länge muss den Durchmesser des Containers abzüglich 5 cm betragen. Bohren Sie je zwei Löcher von 3 cm (☞ Zeichnung 9) und montieren Sie die so entstandenen Quirle mit Muttern an der Welle.

Nun bleibt nur noch die Kurbel anzubringen und das Butterfass ist fertig. Der Waschmaschinen-Antrieb wird bei gleichbleibender Drehrichtung der Kurbel die Quirle schnell hin- und herbewegen. Mit einem Keilriemen können Sie die Konstruktion auch mit einem Fußpedal verbinden und Ihre Butter so „ganz nebenbei“ herstellen.

Butterfass

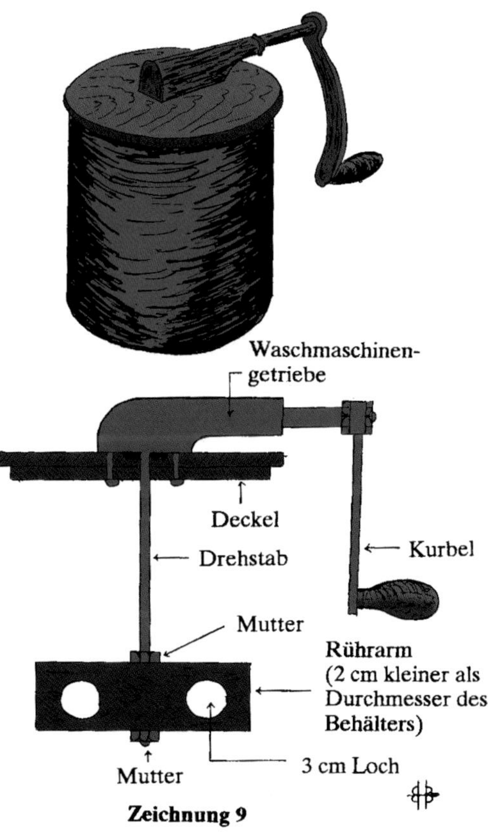

Zeichnung 9

Ahornsirupgewinnung

In den ersten Frühlingstagen, wenn die Nächte noch kalt und die Tage unter einem leichten Westwind schon warm sind, beginnt der Ahornsaft zu fließen. Meist ist es Mitte März soweit, manchmal aber auch schon Mitte Februar. Die besten Bäume zum Zapfen sind der **Zuckerahorn** und der **Schwarze Ahorn**.

Wenn Sie Ihren Zuckerwald zum ersten Mal sehen, werden Sie denken, dass man sich wohl kaum um ihn kümmern muss. Die Wirklichkeit sieht jedoch weit anders aus. Es ist sehr viel Sorgfalt nötig, um eine größtmögliche Menge an gutem Saft aus den Ahorn-Bäumen zu erhalten. Fragen Sie - bevor Sie anfangen - die Forstbehörde in Ihrem Gebiet um Rat. Ein guter, ertragreicher Zuckerwald sollte einen Bestand von 40 bis 50 Ahornbäumen von mind. 25 cm Durchmesser (in Brusthöhe gemessen) haben. Der Ahorn braucht wie jeder andere Baum Platz, um zu wachsen und eine weite Krone zu entwickeln. Bäume mit dichten Kronen geben mehr und besseren Saft, da sie dem Boden unter ihnen Schatten spenden, ihn so vor Austrocknung schützen und die Laubschicht wie auch den Humus erhalten.

Der Saft besteht zu einem großen Teil aus Wasser, daher hängt die Menge des Saftes hauptsächlich von der Feuchtigkeit des Bodens ab. Lichten Sie den Wald auf jeden Fall, schneiden Sie Weichhölzer wie Kiefern, Schierling, Fichten und Föhren weg. Lassen Sie andere Harthölzer stehen, soweit sie dazu beitragen, die Baumkronendecke dicht zu halten. Wenn weitere Ahornbäume heranwachsen, nehmen Sie auch die anderen Harthölzer weg.

Ausrüstung

Da der Zeitpunkt der Ahornsafternte nicht vorherzusehen ist, müssen die Geräte geputzt und ausgekocht bereitgehalten werden, zumal der erste Saft die beste Qualität hat.

Zapfbohrer

Ein kurzer Bolzen mit ausgeprägtem Gewinde, der sich schnell und glatt in den Baum bohrt. Er sollte 1 cm stark sein, so dass Sie einen 1,1 cm starken Saftzapfer dicht einsetzen können.

Saftzapfer

Bevorzugt werden Metallzapfer, weil sie leicht zu säubern sind. Das Ende des Zapfers sollte abgerundet, glatt und konisch sein, kräftig genug, um mit einem Holzhammer in den Baum getrieben zu werden. Am Zapfer befindet sich eine Aufhängung für Saftbehälter.

Behälter und Deckel

Das Material der Behälter kann Metall oder Plastik sein. Sie sollten eine Auffangkapazität von 8 bis 10 l haben, leicht zu säubern und stapelbar sein. Die Deckel sind unbedingt erforderlich, um den Saft vor Schmutz, Schnee und Regen zu schützen. Außerdem wirken sie als Sonnenschutz; das ist sehr nötig, da der Saft äußerst schnell säuert, wenn er zu warm wird.

Sammelbehälter

Sie sollten kegelförmig und aus galvanisiertem Stahl sein, mit einem Mindestvolumen von 18 bis 20 l.

Sammeltank

Ebenfalls aus galvanisiertem Stahl, sollte ein Auffangvermögen von 90 bis 110 l haben; das entspricht der Zapfmenge von 200 Bäumen. Er sollte mit einem Spritzschutz, einem Filtereinsatz und einem Ausflussrohr am Boden ausgestattet sein. Der Sammeltank wird meist auf einem Schlitten von einem Pferd oder Traktor durch den Wald gezogen.

Aufbewahrungstank

Dieser ebenfalls galvanisierte Tank sollte in der Nähe des Zuckerhauses und höher als der Verdampfer stehen. Am besten eignet sich die Nordseite des Zuckerhauses, da der Saft möglichst kühl gehalten werden muss. Der Tank sollte überdacht sein und mindestens 600 l fassen, 800- oder 900-l-Tanks sind aber durchaus nicht ungewöhnlich.

Zuckerhaus

Dieses Gebäude ist der Mittelpunkt der Anlage. Es sollte mindestens 6 m lang und 3 m breit sein, mit einer Dachhöhe von ca. 2,50 m. Bauen Sie es nicht zu weit vom Zuckerwald entfernt und möglichst so, dass Sie einen Wasseranschluss in der Nähe haben. Bringen Sie an der Seite des Zuckerhauses - nahe der Tür - einen Verschlag an, in dem sich mindestens 4 m³ Feuerholz unterbringen lassen.

Verdampfer

Er besteht aus einer Reihe von flachen Schalen, die durch Schläuche miteinander verbunden sind. Man setzt ihn auf eine Feuerstelle. Der Verdampfer soll mit möglichst geringem Aufwand an Zeit und Energie aus dem Saft Sirup machen. Je schneller der Prozess abläuft, desto heller wird das Produkt.

Thermometer

Um ein Produkt von hoher Qualität zu erhalten, braucht man ein Thermometer, das den Siedepunkt des Saftes angibt. Ein anderes Hilfsmittel ist das Hydrometer zur Messung der Flüssigkeitsdichte.

Verschiedenes

Außerdem braucht man **Abschöpflöffel**, um den Schaum von der Oberfläche des Saftes im Verdampfer zu entfernen. Mit einer Mangel alten Typs können gewaschene Filter vorgetrocknet werden.

Nach dieser Anleitung erfordert die Sirupherstellung eine ziemlich umfangreiche Ausrüstung, aber wenn Sie Sirup für den **Verkauf** herstellen wollen, werden Sie alle diese Geräte brauchen.

Wenn Sie nur für den **Hausgebrauch** produzieren wollen, reduziert sich die Ausrüstung auf einen Bohrer mit einem 1 cm starken Einsatz, Zapfer, Saftbehälter und normale Kübel, ein Zuckerthermometer, einen großen Kessel und genügend Flaschen für den fertigen Sirup.

Schlagen Sie einen Zapfhahn in einen Baum nahe am Haus ein und beobachten Sie ihn im Frühling täglich. Sobald der Saft fließt, bohren Sie auch die anderen Bäume an, die Sie zapfen wollen und sammeln den Saft. Setzen Sie ihn sofort im Kessel aufs Feuer und erhitzen Sie ihn so lange, bis das Thermometer den Saft-Siedepunkt anzeigt.

Tipp eines alten Sirupexperten: „Tauche die Schaumkelle in den Sirup, halte sie hoch und lasse den Sirup langsam abtropfen. Wenn er an der unteren Kante der Kelle einen dünnen Film von der Größe einer Silbermünze bildet, ist es Zeit, den Sirup vom Feuer zu nehmen."

Das Zapfen der Bäume

Zapfen Sie niemals einen Baum von weniger als 25 cm Durchmesser an. Eine gute Faustregel sagt, dass Bäume mit einem Durchmesser von 25 bis 40 cm einen Behälter füllen, Bäume von 40 bis 50 cm zwei (bei diesen und noch stärkeren Bäumen bohren Sie mehrere, möglichst weit voneinander entfernte Löcher), Bäume ab 50 bis 60 cm drei und solche über 60 cm vier.

Ein weiterer Trick besteht darin, die Krone des Baumes anzugucken und dort zu bohren, wo die stärksten Äste abzweigen, da an diesen Stellen die Saftmenge am größten ist. Die Bäume sollten in 1,20 m Höhe an einem Punkt mit gesunder Rinde angezapft werden.

Vermeiden Sie, alte Zapflöcher ein zweites Mal anzubohren. Wenn die Narbe des alten Loches noch zu sehen ist, lassen Sie 25 cm Abstand. Bohren Sie 6 cm tief und leicht aufwärts, so dass der Saft später abwärts fließen kann. Säubern Sie das Loch und schlagen Sie den Zapfhahn fest ein, bis er vollkommen dicht sitzt. Dann hängen Sie nur noch den Behälter an den Haken des Zapfhahns, decken ihn ab und warten.

Der Saftfluss ist zwischen 9:00 und 12:00 am stärksten, aber nach einer sehr kalten Nacht muss man manchmal bis zum frühen Nachmittag oder sogar bis zum Einbruch der Dunkelheit warten. Der Saftfluss ändert sich von Jahr zu Jahr, und extrem kalte Tage können ihn ganz stoppen.

Die Behälter sollten mindestens einmal, wenn viel Saft fließt, zweimal am Tag geleert werden. Nehmen Sie das Eis, das sich nachts auf der Oberfläche bildet, ab und nutzen Sie es zum Kühlen des Saftes in den Sammeltanks.

Die Indianer entfernten das Eis, um den Wasseranteil des Saftes zu reduzieren und wiederholten diesen Vorgang, bis das Produkt die richtige Konsistenz hatte.

Die Bienen sind da

Sobald der Schnee weggetaut war, schauten wir uns nach einem geeigneten Platz für unsere Bienenzucht um, da wir Bienen für Anfang des Frühlings bestellt hatten. Während der Wintermonate hatten wir hart gearbeitet, um die Stöcke und Rahmen für unsere Bienenvölker zu bauen. Jetzt war es an der Zeit, einen Platz für sie auszusuchen.

Die Bienenstöcke sollten so aufgestellt werden, dass sie der **Morgen- und Abendsonne ausgesetzt sind**, aber von 10:00 bis 15:00 im Schatten liegen. Die Öffnung sollte nach Westen oder Süden zeigen, damit die Bienen vor kalten Nord- und Ostwinden geschützt sind. Außerdem sollten sie nicht zu nahe an Gebäuden, Wäscheleinen oder anderen Plätzen stehen, die täglich von Menschen oder Tieren aufgesucht werden. Wählen Sie den Standort sorgfältig, damit die Bienenstöcke nicht umgesetzt werden müssen, wenn die Tiere sich erst einmal an den Platz **gewöhnt haben**.

Errichten Sie aus Feldsteinen, Ziegeln oder Holzblöcken ein kleines Fundament für jeden Stock. Es muss so hoch sein, dass der Stock niemals im Wasser steht. Neigen Sie den Stock etwas nach vorn, damit Wasser eventuell durch die Öffnung ausfließen kann, aber achten Sie darauf, dass er nicht zu schräg steht. Stellen Sie die Stöcke ca. 1 m voneinander entfernt auf und schneiden Sie das Gras davor. Lassen Sie genügend Platz hinter den Stöcken, da Sie später **an ihrer Rückseite arbeiten müssen**.

Es ist auch sehr praktisch, in der Nähe ein Gebäude zu errichten, in dem Sie die Honigschleuder und überzählige Beuten unterbringen können. Das Honighaus muss trocken, Fenster und Türen sollten **gut abgedichtet** sein, damit die Bienen nicht hineinkönnen, wenn Sie im späten Herbst den Honig verarbeiten. Ich habe einen alten Holzofen hineingestellt, um das Haus während der Honigsaison warm zu halten. Außerdem ist er praktisch, um Wasser für den Zuckersirup zu erhitzen.

Kaufen Sie 10 kg weißen Zucker für jedes Bienenpaket und bereiten Sie, bevor die Bienen ankommen, einen Zuckersirup vor (0,5 l pro Schwarm aus 5 kg Zucker in 4 l warmem Wasser).

Wenn die Stöcke an ihren Plätzen stehen, nehmen Sie die Hälfte der Rahmen heraus, damit Sie genügend Platz haben, um in der Mitte des Stocks die eingesperrten Bienen freizulassen. Setzen Sie einen Futtertrog in den Eingang und schieben Sie etwas Gras lose in die Öffnung. Verschließen Sie das Loch nicht ganz, aber so dicht, dass die Bienen nicht leicht herauskönnen.

Bestellen Sie Ihre Bienen für die erste Frühlingszeit, am besten für Anfang April. Machen Sie sich keine Sorgen, wenn es bei Ankunft der Bienen regnet oder schneit; sie können einige Tage in ihren Kisten gehalten werden.

Bienenzuchtausrüstung

Spätestens jetzt müssen Sie die **Ausrüstung für die Bienenzucht** in Erwägung gezogen haben. Bienenstiche sind lästig, die Sensibilität für das Gift ist sehr unterschiedlich. Bienen scheinen hellgekleidete Leute seltener zu stechen. Deshalb sollten Sie sich einen **weißen Overall** mit langen Ärmeln und Hosenbeinen anschaffen. Die Ärmel sollten so lang sein, dass man sie unter die bis zum Ellbogen reichenden Handschuhe und die Hosenbeine in die Stiefel stecken kann.

Die **Handschuhe** sollten an den Händen Ledereinlagen und elastische Fingerspitzen haben. Der **Schutzhelm** sollte mit einem Bindeschleier ausgerüstet sein, so dass er Gesicht und Hals gut schützt. Eine **Imkerpfeife** ist unbedingt erforderlich, um die Bienen zu beruhigen, wenn man die Königinwaben prüft oder die Honigwaben entleert. Weiter ist ein **Rahmenwerkzeug** aus Stahl notwendig, um die Rahmen vom Stock zu lösen.

Alle Anfänger sollten ein **Königinaussperrungsgitter** verwenden. Es besteht aus einem Blech mit genau berechneten Löchern oder einem entsprechendem Gitter, das über dem Brutnest angebracht wird. Die Arbeiterinnen sind so klein, dass sie durch die Löcher passen, der Königin und den Drohnen sind die oberen Beuten jedoch versperrt. Die Drohnenaussperrung ist unter Bienenzüchtern umstritten, aber ich empfehle sie zumindest, bis Sie die Königin erkennen können. Sonst könnte es passieren, dass Sie die Königin mit herausnehmen, wenn Sie die Honigwaben entfernen. Wenn Sie die Drohnenaussperrung anbringen, denken Sie daran, sie im Spätsommer wieder herauszunehmen, damit die Bienen ungehindert in allen ihnen zur Verfügung stehenden Waben Honig und Pollen für den Winter lagern können.

Diese Hilfsmittel braucht jeder Anfänger, um mit seinen Bienen arbeiten zu können. Sie bekommen sie von Imkerfachgeschäften.

Bienenzucht

Um auch mit nur wenigen Kolonien Erfolg zu haben, müssen Sie sich umfassend über die Lebens- und Verhaltensweisen der Bienen informieren. Am besten eignet man sich dieses Wissen durch Erfahrung an. Es wäre ideal, wenn Sie die Möglichkeit hätten, eine Weile mit einem erfahrenen Imker zusammenzuarbeiten. Auch ohne Bezahlung wird es sich sicherlich für Sie lohnen.

Außerdem: Lesen Sie die besten Bücher auf dem Markt und abonnieren Sie ein gutes Bienenjournal, Ihre Befähigung zur Bienenzucht wird dann schnell wachsen.

Die erste Aufgabe nach Ankunft der bestellten Bienen ist das **Füttern**. Geben Sie jedem Schwarm **mindestens einen halben Liter Zuckersirup** und stellen Sie die Tiere für eine Stunde in den Schatten, damit sie sich beruhigen, bevor sie in die Stöcke gebracht werden. Jede Kiste enthält mehrere tausend Bienen, die Königin wird getrennt mit ein paar Bienen in einer kleinen Kiste geliefert.

Nehmen Sie die Kiste mit der Königin und suchen Sie sie heraus. Sie ist nicht schwer zu finden, da sie **länger und schlanker** ist als die anderen Bienen. Sorgen Sie sich nicht um ihre geringe Größe, sie hat mehrere Tage lang keine Eier gelegt. Wenn sie erst einmal im Stock ist und mit dem Legen beginnt, wird sie die doppelte Größe erreichen. Es ist sehr wichtig, dass sie lebendig und gesund ist. Am sichersten erkennt man die Königin am Mittelteil ihres Körpers, von dem die Beine und die Flügel ausgehen. Dieser Teil ist kahl und blank, während er bei den Arbeiterinnen und bei den Drohnen mit kurzem, weichem Haar bedeckt ist.

Hängen Sie die Königinkiste zwischen den zweiten und dritten Rahmen und befestigen Sie die Kiste mit einem Draht an einem kleinen Nagel, den Sie in die Überdachung schlagen.

Beregnen Sie jede Kiste mit etwa einem Liter kaltem Wasser. Fürchten Sie nicht, die Bienen zu ertränken oder zu sehr zu durchnässen. Bei extrem heißem Wetter kann wesentlich mehr kaltes Wasser erforderlich sein, damit die Bienen im Stock bleiben. Das Wasser hält die Bienen vom Fliegen ab, so dass sie dann leichter zu handhaben sind. Stellen Sie die Transportkiste auf den Boden, öffnen Sie sie und lassen Sie die Bienen, nachdem Sie fünf Rahmen entfernt haben, durch die Öffnung in den Stock fliegen.

Die Bienen können sich so mit der Königin vertraut machen und beginnen, sie zu füttern. Würde die Königin frei im Stock herumlaufen, könnte es passieren, dass die anderen Bienen sie töten, da sie aufgrund ihres Geruches als fremd erkannt wird. Nach etwa einem Tag entfernen Sie das Papier vor der mit einer Zuckerschicht verklebten Öffnung der Königinkiste. Achten Sie darauf, dass kein anderer Verschluss mehr vor der Zuckerschicht ist, damit die Bienen sich während der nächsten Stunden durchfressen können und so die Königin freilassen.

Lassen Sie die Bienen **ein oder zwei Tage ungestört im Stock,** nehmen Sie dann den Deckel ab und setzen Sie die fünf Rahmen wieder ein. Prüfen Sie den Futterbehälter jeden Tag und fügen Sie, wenn nötig, Sirup hinzu. Das Füttern sollte fortgesetzt werden, bis die Bienen alle Waben in den Brutnestern mit Honig und Eiern gefüllt haben.

Nach einer Woche nehmen Sie die Rahmen heraus, um zu überprüfen, ob die Königin Eier gelegt hat. Wenn Sie die Königin zu dieser Zeit ausfindig machen können, werden Sie feststellen, dass sie etwa doppelt so groß ist wie bei der Ankunft. Vorausgesetzt, dass die Königin Eier gelegt hat und der Futterbehälter immer gut gefüllt war, werden Sie in einigen Waben Eier und in anderen hufeisenförmige Larven finden.

Beim Arbeiten an den Bienenstöcken werden Sie die **Imkerpfeife** brauchen. Verwenden Sie niemals Seide, Wolle oder Tierfell als Brennstoff, da dieser Geruch die Bienen wild macht. Pappe, Packleinen oder verrottetes Holz eignen sich gut, aber nach meiner Erfahrung gibt das Holz des Essigbaums mit seinem blumigen Geruch den besten und kühlsten Rauch. Zünden Sie die Imkerpfeife mit einem Stück Papier an und ziehen Sie kräftig, bis dichter, kühler Rauch aus der Pfeife aufsteigt.

Nähern Sie sich den Bienen von hinten, gehen Sie um den Stock herum zur Vorderseite und blasen Sie **einige Stöße Rauch in den Eingang**. Er treibt die Wächter in den Bienenstock und die Bienen, die innen sind, werden ihre Köpfe in die Waben stecken und Honig trinken.

Wenn Sie an den Stöcken arbeiten, denken Sie immer daran, **keine schnellen Bewegungen** zu machen oder den vom Feld kommenden, schwer mit Honig und Pollen beladenen Bienen den **Eingang zu versperren.** Stoßen Sie nicht an die Stöcke, da die Erschütterung die Bienen aggressiv macht. Heben Sie vorsichtig eine Ecke des Deckels an, blasen Sie ein paar Züge Rauch in den Stock, bevor Sie mit der Rahmenzange in der einen und der Imkerpfeife in der anderen Hand die innere Klappe öffnen und noch einmal Rauch hineinblasen, um die Bienen zurückzutreiben.

Wenn die Brutnester voll werden, sollten Sie eine weitere Beute aufsetzen. Die Bienen brauchen Platz, um zu **arbeiten und leere Waben zu füllen**, sonst schwärmen sie herum und Sie bekommen weniger Honig. Es ist ratsam, in einer 10-Rahmenbeute nur neun Rahmen zu verwenden. **Schauen Sie täglich nach**, wie die Bienen zurechtkommen. Wenn Sie sehen, dass die mittleren Rahmen in den Beuten gefüllt sind, können Sie sie gegen die äußeren, meist noch leeren Rahmen austauschen.

Wenn die Beute voll ist, nehmen Sie sie vom Brutnest ab und ersetzen sie durch eine leere. Setzen Sie die fast volle Beute obenauf und verschließen Sie die innere Klappe, bevor Sie den Deckel wieder aufsetzen. Die volle Beute muss noch oben im Stock bleiben, weil die Bienen Zeit zum Erwärmen und Dehydrieren des Nektars brauchen. Er ist so dünn wie Wasser, wenn er in die Waben gefüllt wird. Denken Sie daran, die neue Beute direkt auf das Brutnest und die volle obenauf zu setzen, damit die Bienen ihr Werk vervollständigen können, indem sie den Nektar erwärmen und die Waben verdeckeln.

Entfernen Sie nie Honig, ohne vorher überprüft zu haben, ob die Bienen noch **genügend Vorrat haben**, bis der nächste Honig fließt. Ich lasse alle Beuten im Bienenstock, bis die Saison vorbei ist. Manchmal habe ich dann Stöcke mit 6 bis 7 Beuten. Achten Sie darauf, dass der

Inhalt der Rahmen verdeckelt ist, bevor Sie sie entfernen. Die Bienen sind Experten auf ihrem Gebiet, und wenn die Waben nicht verdeckelt sind, bedeutet das höchstwahrscheinlich, dass der Honig noch zu dünn ist.

Honigernte

Während des ganzen Sommers werden Sie die Honigmenge anwachsen sehen. Im Herbst ist es dann an der Zeit, die gesammelte Menge zu ernten. Suchen Sie sich einen geeigneten Raum - frei von fremden Gerüchen. Der Raum sollte so luftdicht wie möglich, gut beleuchtet und bis zu einer Temperatur von mindestens 24°C heizbar sein. **Die Honiggewinnung ist bei dieser Temperatur einfacher.** Setzen Sie alle Beuten kreuzweise aufeinander und lassen Sie sie mindestens 24 Stunden stehen.

Dann werden die Rahmen entdeckelt. Dazu kann man ein in heißem Wasser erwärmtes Küchenmesser verwenden. Beginnen Sie mit dem Entdeckeln der Honigwaben entweder ganz oben oder ganz unten und sägen Sie die Verdeckelungen mit dem Messer gleichmäßig ab oder benutzen Sie statt dessen einen Honigkamm. Nehmen Sie den obersten und untersten Balken als Leitlinie und schneiden Sie so tief, dass beim **ersten Mal alle Verdeckelungen** abgetrennt werden. Am besten entdeckeln Sie über einem Kübel mit einem Auffangnetz auf halber Höhe. Die Verdeckelungen fallen auf das Netz, der Honig tropft auf den Boden des Kübels.

Wenn Sie eine **Honigschleuder** haben, setzen Sie die Rahmen einfach hinein. Wenn Sie das Gerät nun mit der Handkurbel in Betrieb setzen, rotieren die Rahmen in der Mitte und der Honig wird durch die Zentrifugalkraft an die Wände des Geräts geschleudert. Er tropft auf den Boden und wird aus der Schleuder in geeignete Behälter gefüllt. Falls Sie keine Honigschleuder haben, können Sie den Honig nur wesentlich langsamer gewinnen. Die Waben müssen zerstört und dann erhitzt werden, um den Honig vom Wachs zu trennen.

Der **Nachteil dieser Methode** liegt darin, dass die **Waben zerstört werden** und die Bienen deshalb in jedem Frühjahr erst wieder neue bauen müssen. Sie **verlieren damit diese Zeit**, in der die Bienen sonst schon Honig sammeln würden.

Geflügel

Hühnerställe

Auf einer Farm, weit entfernt vom nächsten Geschäft, merken Sie schnell, wie wichtig Geflügel und Eier für den Haushalt sind. 50 bis 100 Hühner können den Durchschnittshaushalt das ganze Jahr über mit Eiern und Fleisch versorgen.

Ein Hühnerstall ist mit geringem finanziellen Aufwand und **einfach zu bauen**. Stellen Sie so bald wie möglich einen auf. „Nutzvögel" brauchen ¼ m^2 Platz auf dem Stallboden und 20 cm Platz auf der Stange. Wenn die Tiere weniger Platz haben, werden sie aggressiv und anfällig für Krankheiten, sie legen dann auch weniger.

Die Beschaffenheit der Luft im Stall ist wichtig. Der Stall sollte trocken und nicht zugig, **aber angemessen belüftet sein**. Man kann zum Beispiel eine Seite des Stalls, nämlich die von der vorherrschenden Windrichtung abgewandte, ganz offen lassen. Bedenken Sie aber, die Tiere vor Fressfeinden, z.B. Fuchs oder Marder zu schützen.

Die Temperatur sollte nicht mehr als 24°C betragen, da die Vögel sonst **leicht reizbar** werden. In jedem Fall hacken sie sich besonders während der Mauserzeiten gegenseitig (bei Hühnern dreimal im Jahr).

Die **Beleuchtung** ist ein weiterer wichtiger Faktor. Die Vögel sollten 12 Stunden am Tag möglichst natürliches Licht haben, denn Vögel haben - wie alle Tiere - einen geregelten Tagesablauf. Eine Ausdehnung der hellen Tageszeiten beeinträchtigt die Eierproduktion. Wenn Sie das künstliche Licht nicht genau einstellen können, verlassen Sie sich besser auf das natürliche. Im Stall brauchen Sie Hühnerstangen und eine Plattform. Die Stangen sollten aus Holz hergestellt und waagerecht parallel über der Plattform angebracht werden. Die ersten Stangen sollten 25 cm entfernt von der Wand sein, die folgenden jeweils 50 cm voneinander. Die Plattform wird 75 cm über dem Boden angebracht, die Stangen 15 bis 20 cm über der Plattform. Das erleichtert die **Säuberung des Stalls**. Ich bedecke die Plattform mit einer dünnen Torfschicht und fülle den Torf beim Reinigen des Stalls zusammen mit dem daraufgefallenen Kot in leere Futtersäcke, um ihn für Pflanzen zu verwenden, die einen Dünger mit hohem Stickstoffgehalt benötigen.

Hühnerstall

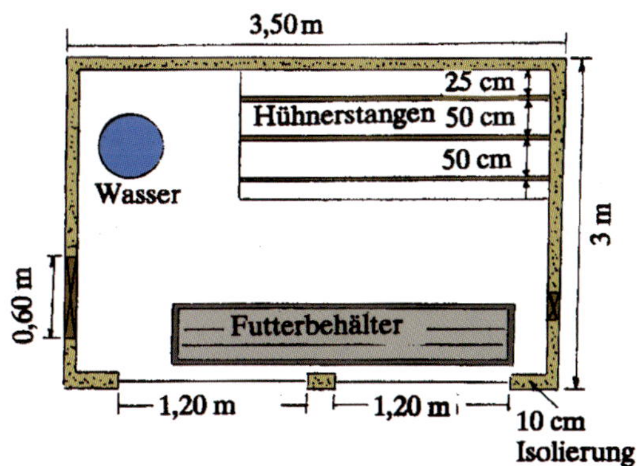

Grundriss

Die Vögel brauchen Platz, um sich auch draußen bewegen zu können. Eine gute Faustregel besagt, dass jeder Vogel 0,5 m^2 Platz benötigt. Der Grund kann mit Maschendraht umzäunt werden. Er sollte an der Ost- oder Westseite des Stalls liegen, da das Gebäude den Tieren dann tagsüber genügend Schatten spendet.

Dichtes, glänzendes Gefieder und eine saubere Kloake sprechen für gesunde Hühner.

Hühner

Wenn Sie das Unterbringungsproblem gelöst haben, müssen Sie entscheiden, wie Sie mit der Zucht beginnen wollen. Sie können ein paar Tage alte Küken kaufen, aber da sie **viel Pflege erfordern** und zusätzlich eine Wärmequelle benötigen, ist es bequemer, ältere Küken oder junge Hühner zu kaufen, die bald anfangen zu legen. Kaufen Sie nur bei einem bekannten Züchter mit gutem Ruf. Achten Sie darauf, dass die Hühner auf Krankheiten untersucht worden sind.

Wenn Sie sich 8 bis 10 Wochen alte Hühner angeschafft haben, füttern Sie sie zuerst mit einem Mischfutter oder einer Kombination aus

Mischfutter und Getreide. Beginnen Sie mit einem kleinen Anteil Getreide und erhöhen Sie ihn allmählich, bis die Vögel zu gleichen Teilen Mischfutter und Getreide bekommen. Ich nehme für 15 Hühner 2,5 Pfund geschrotetes Getreide und 2,5 Pfund Mischfutter, darunter mische ich 2 Esslöffel Lebertran. Schrotmehl und zerstoßene Austernschalen sind notwendig, damit das Futter genug von dem für die Eierschalen erforderlichen Kalzium enthält.

Die Qualität der Eier hängt sehr stark von der Sorgfalt ab, mit der Sie ihre Legehennen füttern und pflegen. Vielleicht können Sie sogar einmal einen **Überschuss verkaufen**.

Sammeln Sie die Eier zweimal am Tag aus den Nestern und lagern sie bei einer Temperatur von 8 bis 12°C. Wenn Sie Eier verkaufen, sollten Sie die kleinen und dünnschaligen aussortieren, Sie erarbeiten sich so rasch einen guten Namen.

Enten und Gänse

Fleischige, mäßig fette Enten und Gänse ergeben nahrhafte und wohlschmeckende Gerichte. Unter geeigneten Bedingungen ist es nicht schwierig, Wasservögel zu halten. Bedenken Sie aber, bevor Sie die Zucht als Einkommensquelle betreiben, die Verarbeitungs- und Absatzmöglichkeiten in Ihrem Gebiet. Wenn Sie das Geflügel nur für den eigenen Verbrauch züchten wollen, ist es einfacher.

Enten und Gänse erfordern **weniger Pflege als Hühner**, und die einzige Behausung, die sie brauchen, ist ein Windschutz. Gänse können Ihnen außerdem viel Arbeit ersparen. **Sie fressen das Unkraut** in den Erdbeer- und Spargelbeeten und im Obstgarten.

Nützlich zum Abgrasen sind nur 6 bis 8 Wochen alte Gänse, da die ausgewachsenen Tiere leicht Pflanzen verletzen. Nur hungrige Weidegänse erfüllen ihre Aufgabe gut. Meist ist abends aber trotzdem noch etwas Futter, entweder Getreide oder Mischfutter, notwendig. Sowohl Enten als auch Gänse brauchen in jedem Fall Schatten und ein fließendes Gewässer.

Rund ums Brot

Die **Entdeckung der Gärung** erforderte eine Änderung der Backmethode. Man gab es bald auf, nach Art der Griechen über glühenden Kohlen zu backen, und begann, Öfen zu konstruieren. Diese meist draußen aufgestellten Öfen kann man in der kanadischen Provinz Quebec und in New Mexico noch heute besichtigen.

Das Prinzip dieser Öfen war, den hohlen Teil mit Holz zu feuern und das Feuer über Nacht brennen zu lassen. Am nächsten Morgen wurde die Asche herausgeholt, der Ofen gesäubert und dann das Brot im so vorgeheizten Ofen gebacken. Das in holzgefeuerten Öfen gebackene Brot hat noch immer eine bessere Qualität als das in Gas- oder Elektroöfen gebackene.

Brotherstellung

Mehl

Gutes Mehl hat eine leicht gelbliche Farbe, es sollte niemals bläulichweiß aussehen. Außerdem gibt es unter dem Druck der Hand nach. Mehl sollte immer vor Gebrauch gesiebt werden. Am besten ist es, gleich eine größere Menge in einen Behälter zu sieben.

Hefe

Neben dem Mehl ist die Hefe der wichtigste Faktor beim Brotbacken. Es gibt viele verschiedene Arten, z.B. Hopfenhefe, Bäckerhefe und Trockenhefe. Das Problem besteht meist nur darin, das Rezept je nach Hefeart abzuwandeln. Beachten Sie, dass eine Tüte Trockenhefe einem Päckchen gepresster oder drei Esslöffeln Bäckerhefe entspricht.

Hefeansatz

Das ganze Geheimnis des Brotbackens liegt im Hefeansatz und im Kneten. Der Hefeansatz wird aus warmem Wasser (oder Milch), Hefe und Mehl hergestellt. Ich nehme gerne das Kochwasser von Kartoffeln, weil es das Brot länger feucht hält. Im Allgemeinen braucht man 0,5 l Wasser oder Milch pro kg Mehl. Ein Kilogramm Mehl entspricht 10

Tassen. Milch oder Wasser sollten Körpertemperatur haben. Wenn Sie Milch verwenden, **kochen Sie sie vorher ab**, damit sie nicht sauer wird. Lassen Sie sie aber wieder abkühlen, bevor Sie sie zum Ansatz geben, da das Brot bei zu heißer Flüssigkeit nicht genügend aufgeht. Wenn Sie nur Wasser verwenden, geben Sie einen Esslöffel Butter oder Schmalz dazu, damit das Brot locker wird. Mit Wasser gebackenes Brot hält sich länger und schmeckt intensiver nach Weizen als mit Milch hergestelltes. Wenn der Hefeansatz nur mit Milch gemacht wird, erhöhen Sie die Mehlmenge und kneten Sie etwas länger. Setzen Sie den Hefeteig im Sommer erst gegen Abend an, wenn es kühler wird.

Wenn Sie den Hefeansatz herstellen, prüfen Sie die Temperatur der Flüssigkeit mit dem Finger. Sie ist richtig, wenn Ihr Finger die Hitze aushält, ohne zu schmerzen. Sobald das Mehl untergerührt wird, kühlt die Masse so stark ab, dass die Bakterien in der Hefe nicht abgetötet werden.

Bedecken Sie den Ansatz mit einem Küchenhandtuch und setzen Sie ihn über Nacht an einen warmen Platz (ca. 27 bis 32°C). Der Platz darf nicht zugig sein. Ideal ist ein vorgeheizter Steintopf.

Am nächsten Morgen legen Sie den Hefeansatz in eine große Schüssel mit dicht sitzendem Deckel. Geben Sie die angegebene Menge Mehl und zwei Teelöffel Salz hinein und vermischen Sie alles.

Der Teig darf nicht zu fest sein. Setzen Sie ihn dann auf ein Brett und kneten Sie ihn ohne Unterbrechung, bis er nicht mehr an den Händen oder am Brett klebt. Zu diesem Zeitpunkt sollte das gesamte Mehl untergeknetet sein.

Wenn der Teig fertig ist, formen Sie einen großen Laib, streuen die Brotform mit etwas Mehl aus, setzen den Teig hinein und bestäuben ihn ebenfalls mit Mehl, damit das Küchentuch, das ihn nachher bedeckt, nicht festklebt.

Lassen Sie den Teig zugedeckt 2 bis 3 Std. gehen, er müsste dann die doppelte Größe erreicht haben. Nehmen Sie das Tuch ab und kneten Sie ihn noch einmal kurz durch. Formen Sie Laibe, bestreichen Sie die Oberfläche mit gesalzener Butter und stellen Sie sie ein letztes Mal in gefetteten Backformen an einen warmen Platz, bis sie die doppelte Größe erreicht haben. Dann können sie in den Ofen gegeben werden.

Das Backen

Zum Brotbacken muss der Ofen mäßig heiß sein. Stellen Sie etwas Mehl auf einem Teller in den Ofen. Wenn es innerhalb von einer Minute braun wird, ist die Temperatur richtig. Um herauszufinden, wann das Brot gar ist, sticht man mit einem schmalen Holzstift hinein. Wenn kein Teig daran hängen bleibt, ist es fertig. Im Allgemeinen braucht ein Brotlaib ¾ bis 1 Std. Sobald das Brot aus dem Ofen geholt ist, sollten die Laibe aus den Formen genommen und von allen Seiten dünn mit zerlassener Butter bestrichen werden. Dann legen Sie die Laibe auf einem sauberen Tuch auf einen Rost, decken sie mit einem Küchentuch zu und lassen sie so langsam abkühlen.

Sauerteig

Als die nordamerikanischen Siedler westwärts zogen, hatten sie alle einen Sauerteigansatz dabei. Ob im Küchengerät der Siedler, auf dem Rücken der Goldsucher oder in Planwagen, der Sauerteig war immer zu finden. Ich erinnere mich an die Reise mit einem indianischen Führer und seiner Frau. Tagsüber trug sie den Sauerteigansatz in einem Lederbeutel, nachts beim Schlafen hatte sie ihn mit im Schlafsack liegen. So hatten wir fast jeden Abend frisches Sauerteigbrot. Sauerteig ist übrigens ein besonders gegorener Teig, von dem man beim Backen eine kleine Menge zurückbehält, um sie beim nächsten Backen statt frischer Hefe zu verwenden.

So stellen Sie sich einen eigenen her: Abends kochen Sie so viel Kartoffeln, dass sie zu Mus gestampft einen halben Liter ergeben. Füllen Sie das Kochwasser der Kartoffeln auf 1,5 l auf. Geben Sie einen Esslöffel Salz, ½ Tasse Zucker und ein Päckchen Hefe dazu. Vermischen Sie das Wasser mit den Kartoffeln und rühren Sie gut. Decken Sie den Ansatz mit einem Tuch zu und lassen Sie ihn über Nacht gehen. Am nächsten Morgen behalten Sie einen halben Liter für das nächste Backen zurück.

Falls Sie gerne alte Brotrezepte ausprobieren, sollten Sie einmal den folgenden Sauerteigansatz probieren, der sich gut dazu eignet:

2 Tassen Mehl	1 Päckchen Trockenhefe
2 Tassen warmes Wasser	1 Päckchen granulierte Hefe

Die Zutaten werden in einer Schüssel gemischt und über Nacht an einem warmen Platz oder im Ofen (bei niedrigster Stufe) stehen gelassen. Am nächsten Morgen sollten sich Blasen bilden. Nehmen Sie eine Tasse Teig ab und geben Sie sie in ein ausgekochtes Gefäß mit einem dichten Deckel. Bewahren Sie den Ansatz im Kühlschrank auf, bis Sie ihn zum Backen brauchen.

Behandlung und Gebrauch von Sauerteigansätzen

Als erstes: Denken Sie daran, jedes Mal **eine Tasse Sauerteigansatz zurückzubehalten**, bevor etwas anderes dazugefügt wird, und geben Sie ihn in ihren Sauerteigtopf. Bewahren Sie den Ansatz in einem Tontopf mit einem dicht sitzenden Deckel auf. Wenn Sie den Ansatz nicht jeden Tag brauchen, lassen Sie ihn im Kühlschrank stehen. Er hält sich dort (fast) ewig.

Sauerteig lässt Brot wesentlich **langsamer** als Hefe aufgehen, deshalb denken Sie daran, den Ansatz abends zu machen, damit Sie am darauffolgenden Tag backen können.

Verwendung des Sauerteigstarters

Geben Sie den Ansatz mit 2 Tassen warmem Wasser (bis zu 30°C) und 3½ Tassen Mehl in einen Stahltopf oder einen Glasbehälter und rühren Sie. Die Mischung ist dick und klumpig, aber die Gärung macht sie bis zum nächsten Morgen dünn. Decken Sie die Schüssel zu und lassen Sie den Teig über Nacht an einem warmen Platz.

☺ Wichtig: Nehmen Sie morgens als erstes eine Tasse des Ansatzes ab und geben Sie sie in den Sauerteigtopf.

Milch- und Fleischprodukte

Die Herstellung von Käse

Käse herzustellen ist eine relativ einfache Sache, sie macht außerdem viel Spaß. Im Allgemeinen wird Ziegen-, Kuh- oder Schafsmilch verwendet, in einigen Ländern ist die Herstellung aus Kamel-, Esel- und Rentiermilch allerdings genauso üblich.

Pasteurisation

Zur Erzeugung eines guten Produktes brauchen Sie in erster Linie frische, unbehandelte Milch. Wenn Sie keinen elektrischen Pasteurisierer haben, können Sie mit einem Dampfdrucktopf improvisieren.

Folgen Sie dieser Anleitung: Erhitzen Sie das Wasser unten im Dampfdrucktopf, bis die Milch im oberen Teil eine Temperatur von 65°C erreicht. Halten Sie die Milch eine halbe Stunde lang auf dieser Temperatur. Lassen Sie sie dann auf 23°C abkühlen. Dazu ersetzen Sie am besten das heiße Wasser im Topf durch kaltes.

Wenn Sie Hüttenkäse herstellen wollen, lassen Sie die Milch auf dieser Temperatur. Zum Aufbewahren für die spätere Verarbeitung lassen Sie sie auf 10°C abkühlen und stellen sie in den Kühlschrank.

Quark und Molke

Lab ist ein proteinspaltendes Enzym aus dem Labmagen saugender Kälber und ein unentbehrliches Hilfsmittel bei der Käseherstellung. Zur Milch gegeben, trennt es die Flüssigkeit von den festen Bestandteilen. Die Flüssigkeit ist Molke, der feste Stoff ist Quark. Je süßer und frischer die Milch ist, desto fester ist der Quark.

Ich erinnere mich noch daran, dass bei uns zu Hause, als ich ein Junge war, zur Gerinnung der Milch statt Lab Extrakte der wilden Distel und der wilden Artischocke verwendet wurden. Um dem Käse und der Butter eine goldgelbe Farbe zu geben, fügten wir Saft aus Löwenzahnblättern dazu.

Wenn der Quark von der Flüssigkeit getrennt ist, muss er entwässert werden. Dieser Prozess hängt von der Käseart ab, die Sie herstellen wollen. Einige Käsesorten werden gesalzen und sind für den sofortigen Verzehr bestimmt, wie z.B. der italienische Ricotta. Andere werden geschnitten, geknetet, gekocht, gepresst, gestampft und wieder gepresst. Nach der Entwässerung muss der Käse reifen, wie und wie lange, hängt auch hier von der Käsesorte ab. Blauschimmelkäse, ursprünglich aus Schafskäse hergestellt, wird mit einem Schimmelpilz okuliert, innerhalb von ein paar Monaten bilden sich dann die charakteristischen blaugrünen Adern im Käse.

„Banon", ein französischer Käse aus Ziegenmilch, wird in Kastanienblätter gewickelt, getrocknet und in Steinkrügen gegoren. „Press Ost", ein skandinavischer Hartkäse, wird während der Reifung fünf Monate in Whisky gelegt.

Hüttenkäse

Als Erstes muss man **Dickmilch** herstellen. Dazu lässt man Milch bei Zimmertemperatur säuern. Der Prozess kann im Winter eine Woche dauern, während er in der Sommerhitze nur einen Tag braucht. Nehmen Sie nur entrahmte Milch oder Buttermilch, da pasteurisierte Milch nicht richtig säuert.

Die Dickmilch kann verarbeitet werden, wenn sie eine geleeartige Konsistenz hat. Schraffieren Sie sie kreuzweise mit einem Messer. Quarkkäse wird gemacht, indem man die Dickmilch zu diesem Zeitpunkt in einem Seihtuch aufhängt, um die Molke austropfen zu lassen. Nachdem sie schraffiert ist, erhitzen Sie sie langsam unter gelegentlichem Rühren in einem Dampfdrucktopf. Das Wasser sollte zu heiß für die Hand sein, aber nicht kochen, die Dickmilch sollte nie so heiß werden, dass man sie nicht mehr anfassen kann. Wenn die Dickmilch zu kleinen Stücken geschrumpft ist, kann man sie vom Herd nehmen. Wann es so weit ist, bekommt man am besten durch Erfahrung heraus.

Streichen Sie die Masse durch ein Sieb. Wenn der Quark ebenfalls durch die Löcher fließt, ist zu wenig, wenn er dagegen trocken und gummiartig ist, zu viel erhitzt worden. Geben Sie etwas Sahne und Salz zur Geschmacksabrundung dazu.

Hartkäse

Grundrezept: 8 l frische Milch (ergeben 750 bis 1.000 g Käse), ¼ Lab-Tablette, 2 EL Salz

Vorbereitung der Milch: Lassen Sie über Nacht 4 l der Abendmilch an einem kühlen Platz (10 bis 15°C) stehen. Mischen Sie sie am nächsten Tag mit 4 l Morgenmilch. Der Käse wird besser, wenn Sie nicht nur frische Milch verwenden. Die Milch muss aber auf jeden Fall süß schmecken. Sie können Kuh- oder Ziegenmilch nehmen, die Qualität der Produkte ist gleich.

Erwärmen der Milch: Erwärmen Sie die Milch in einem Emaille- oder Weißblechtopf auf 30°C.

Hinzufügen des Rennet: Zerstoßen Sie ein Viertel einer Käselab-Tablette mit einem Löffel und rühren Sie, bis sie sich in einem Glas kalten Wasser ganz aufgelöst hat. Setzen Sie den Topf mit der Milch in einen größeren mit warmem Wasser (31 bis 32°C). Geben Sie die Rennetlösung hinein, rühren Sie eine Minute und stellen Sie den Topf dann an einen warmen, nicht zugigen Platz.

30 bis 45 Min. stehen lassen, bis sich ein fester Quark bildet. Prüfen Sie die Konsistenz mit dem Finger. Stecken Sie ihn im 45-Grad-Winkel hinein und heben Sie ihn hoch - bricht der Quark über dem Finger, kann er geschnitten werden.

Quark schneiden: Um den Quark in kleine Würfel zu schneiden, benutzen Sie ein langes Fleischermesser. Es sollte so lang sein, dass die Schneide auf den Boden des Topfes gesenkt werden kann, ohne dass der Griff die Oberfläche des Quarks berührt. Ziehen Sie es dann hochkant zu sich hin. Schneiden Sie in 2-cm-Abständen. Drehen Sie den Topf dann um 90 Grad und wiederholen Sie den Vorgang. Fangen Sie 2,5 cm von der Topfwand entfernt an, die Abstände zwischen den Schnitten sollten zwischen 1 und 2 cm liegen.

Rühren Sie den Quark mit der Hand um; gründlich, aber sehr vorsichtig mit gleichmäßigen, langsamen Bewegungen. Achten Sie darauf, den Quark nicht zu zerdrücken. Rühren Sie 15 Min. lang ohne Unterbrechung, damit er nicht zusammenklebt.

Langsam den Quark erhitzen: Auf 40°C, so dass sich die Temperatur von Quark und Molke ungefähr alle 5 Min. um 1°C erhöht. Rühren Sie mit einem Löffel oft genug, um das Aneinanderkleben der Quarkstücke zu verhindern. Das Erhitzen sollte langsam fortgesetzt werden, wenn nötig bis etwas über 40°C, bis der Quark seine Form behält, aber leicht auseinanderfällt, wenn er ein paar Sekunden nicht gedrückt wird.

Umrühren: Nehmen Sie den Quark vom Herd, rühren Sie alle 5 bis 10 Min., damit der Quark nicht klumpt. Lassen Sie den Quark in der warmen Molke, bis er so fest ist, dass man eine Handvoll Stücke zusammenpressen kann und sie sich hinterher wieder leicht voneinander lösen (ca. 1 Std.).

Geben Sie den Quark in ein Seihtuch (¼ bis ½ m^2 groß) und befestigen es mit zwei Wäscheklammern über einem Eimer. Lassen Sie den Quark dann, indem Sie jeweils zwei Enden des Tuches in jeder Hand halten, 3 Min. vor- und zurückrollen, so dass die Molke durch das Tuch abfließt.

Salzen: Legen Sie den Quark im Seihtuch in einen leeren Eimer, streuen Sie einen Esslöffel Salz darüber und mischen Sie es unter, ohne den Quark zusammenzudrücken. Rühren Sie dann noch einen weiteren Esslöffel Salz unter.

Formen Sie eine Kugel und hängen sie auf: Verknoten Sie die Enden des Tuches kreuzweise, so dass der Quark darin eine Kugel bildet. Hängen Sie sie 30 bis 45 Min. zum Abtropfen auf.

Einwickeln: Nehmen Sie das Seihtuch ab. Falten Sie ein langes Tuch zu einem 7 cm breiten Streifen und wickeln Sie ihn eng um die Kugel. Befestigen Sie das Tuch. Drücken Sie den Käse mit den Händen von allen Seiten, damit die Oberfläche glatt wird. Es sollten keine Risse oder Spalten im Käse sein. Der runde Käse sollte einen Durchmesser von ca. 15 cm haben, da er sonst austrocknet.

Pressen: Legen Sie ein 3- bis 4-fach gefaltetes Seihtuch auf und unter den Käse. Pressen Sie den Käse unter leichtem Druck auf dem unteren Brett der Käsepresse. Drehen Sie ihn abends um und verstärken den Druck. Lassen Sie den Käse so bis zum nächsten Morgen stehen.

Wachsen: Entfernen Sie die Tücher und setzen Sie den Käse für einen Tag auf ein Brett, damit die Rinde ganz trocken wird. Tauchen Sie ihn dann in erhitztes Paraffin (100 bis 105°C) in einem Dampfdrucktopf. Tauchen Sie erst die eine Seite hinein und nach einer Minute die andere.

☝ Nehmen Sie den Paraffintopf während des Eintauchens vom Herd, da schon bei einem verstreuten Tropfen der ganze Ofen in Flammen aufgehen kann.

Lagern Sie den Käse in einem sauberen, kühlen, aber frostfreien Keller oder einem ähnlichen Raum. Drehen Sie ihn in den ersten Tagen öfter um, später zwei- bis dreimal in der Woche. Der Käse kann meist schon nach 4 bis 5 Wochen gegessen werden, aber wenn Sie 1 bis 2 Jahre warten, schmeckt er wesentlich besser.

Butter

Wenn Sie eigene Kühe und eine Zentrifuge haben, brauchen Sie zur Butterherstellung nur noch pasteurisierte Sahne. Und so wird es gemacht:

Lassen Sie die Sahne ein paar Tage im Kühlschrank stehen (einige Tage gekühlte Sahne lässt sich viel schneller buttern als frische). Erwärmen Sie sie danach auf Zimmertemperatur und lassen Sie sie mindestens 6 bis 8 Std. stehen. Sie dickt ein und wird leicht sauer, wodurch die Butter einen milden Geschmack erhält. Nachdem die Sahne gereift ist, sollte sie vor dem Buttern wieder gekühlt werden.

Dann wird sie in das selbstgemachte oder gekaufte Butterfass (☞ Arbeiten in der ruhigen Jahreszeit) gegossen und mit hoher Geschwindigkeit geschlagen, bis sich auf der Oberfläche Butterflocken bilden. Schlagen Sie dann mit geringerer Geschwindigkeit weiter, bis die Butter von der Milch getrennt ist. Die Butter klebt an den Seiten des Butterfasses, schieben Sie sie mit einem Holzlöffel öfter hinunter.

Gießen Sie die Buttermilch ab, messen Sie die Menge, die abgegossen wurde, und ersetzen Sie sie durch kaltes Wasser. Gießen Sie beim Schlagen immer wieder Wasser ab und ersetzen Sie es durch kaltes, bis die Butter klumpt und dick wird.

Kratzen Sie die Butter mit einem Holzlöffel von den Schlaggeräten und geben Sie sie vom Butterfass in eine Holzschüssel. Pressen Sie mit zwei Holzlöffeln das restliche Wasser aus, indem Sie die Butter gegen die Seiten der Schüssel drücken. Wenn das Wasser entfernt ist, salzen Sie die Butter (sofern Sie gesalzene mögen). Streuen Sie das Salz darüber und kneten Sie es ein.

Bewahren Sie die Butter, in Wachspapier gewickelt, in einer Butterpresse auf oder in einem Steinkrug, dessen Oberfläche mit Wachs abgedeckt wird. Lagern Sie sie im Kühlschrank. Selbstgemachte Butter hat eine sehr helle Farbe.

Joghurt

Eins der größten Probleme der frühen Siedler war, Milch ohne Kühlung süß zu halten. Da das unmöglich war, wurde Joghurt als Ersatz für frische Milch verwendet und oft als Nachspeise gegessen. Joghurt ist ein Milchprodukt, das mit einer Kultur namens *Lactabazillus bulgaricus* angesetzt wird. Er ist seit biblischen Zeiten bekannt und sehr vielseitig, da er aus Kuh-, Ziegen-, Büffel-, Rentier-, Stuten- oder Schafsmilch hergestellt werden kann.

In der Pionierzeit wurde die Joghurtkultur genauso sorgfältig aufbewahrt wie der Sauerteigansatz. Sie können Ihren Joghurt selber machen, aber holen Sie sich die Kultur aus dem Reformhaus. Wenn Sie den Ansatz einmal haben, können Sie ihn, wie beim Sauerteig, immer wieder verwenden.

1 l pasteurisierte Milch, 10 g trockenes Joghurtferment

Erhitzen Sie die Milch in einem Zweiliterkochtopf auf 80°C (ein Thermometer ist praktisch, aber nicht notwendig). Dann wird sie auf

38°C (lauwarm) abgekühlt. Rühren Sie das Ferment hinein. Gießen Sie die Mischung in kleine Suppenschalen oder in eine große Schüssel. Decken Sie sie ab und stellen Sie sie an einen warmen Platz. Ich benutze eine kleine Holzkiste, in der ich eine Vorrichtung für eine 15-Watt-Birne angebracht habe.

Es ist sehr wichtig, dass die Mischung mindestens 5 Std. ruhig und ungestört steht, manchmal braucht sie sogar 10 Std. Zum Aufbewahren setzen Sie den Joghurt in den Kühlschrank. Lohnende Mengen können hergestellt werden, wenn Sie einen kleinen Teil Joghurt (ca. 3 Esslöffel pro Liter Milch) zurückbehalten und als Ansatz für die nächste Herstellung verwenden.

Wurst

An Würsten gibt es Tausende Arten. Sie wurden früher aus geschabtem Fleisch und Gemüse hergestellt, das in anderer Form nicht haltbar war. Man braucht einen Fleischwolf mit einem Wurstfüller, um die Wursthäute schnell und effektiv zu füllen. Wursthäute werden aus gesäuberten Tierdärmen hergestellt (aber inzwischen auch aus Kunststoff). Sie können stark gesalzen in Schlachtereien gekauft werden. Waschen Sie sie vor Gebrauch mit kaltem Wasser aus.

Arbeiten im Gemüsegarten

Standort, Boden und Düngemittel

Sie sollten möglichst bald den Standort für Ihren Gemüsegarten bestimmen. Die wichtigsten Faktoren für das Gedeihen sind fruchtbarer Boden, gute Saat, die richtigen Werkzeuge und sorgfältige Vorbereitung und Kultivierung des Bodens.

Um das Jäten, Wässern und Ernten zu erleichtern, sollte der Garten nahe am Haus liegen. Der Platz sollte sonnig, auf keinen Fall schattig sein. Achten Sie darauf, dass im Boden keine Baumwurzeln verlaufen. Die Bäume entziehen der Erde zu viel Nährstoffe und Feuchtigkeit, als dass die Gemüsepflanzen dort gut wachsen könnten.

Tiefer, sandiger **Lehmboden**, mit Anteilen von Ton und organischen Stoffen in gutem Verhältnis gemischt, ist ideal. Kieslehm und Tonlehm eignen sich ebenfalls gut. Je mächtiger die oberste, also die Schicht von Muttererde ist, desto besser ist der Ertrag. Sandlehm- und Kieslehmboden sind leichter zu bearbeiten. Sie werden als frühe Böden eingestuft, da sie sich im Frühling schnell erwärmen. Sie trocknen allerdings bei heißem Wetter auch leicht aus. Tonlehmboden ist schwerer zu bearbeiten und muss sorgfältig behandelt werden. Wenn man diese Art von Boden in sehr nassem oder sehr trockenem Zustand umgräbt oder pflügt, bilden sich Klumpen, die das Anlegen eines Saatbeetes erschweren und die Wurzelbildung behindern.

Zum Umgraben und Pflügen muss unbedingt gesagt werden, dass **jedes Umschichten des Bodens** letztendlich mit Nachteilen für die Bodenfruchtbarkeit verbunden ist. In den verschiedenen Schichten des Erdreichs leben ganz unterschiedliche Klein- und Kleinstlebewesen, von denen einige Sauerstoff benötigen, während andere ihn meiden. Gräbt man einen Boden um, so sperrt man quasi den Wellensittich ins Aquarium und die Goldfische in den Vogelkäfig. Das heutige Pflügen, d.h. Wenden der Erdscholle wird erst seit Einführung der künstlichen Dünger praktiziert und erscheint wie eine Droge, die nach und nach in immer größeren Mengen genommen werden muss. Mit immer stärkeren Schleppern für immer tieferreichende Pflüge versucht man, das Bodengefüge locker zu halten.

Pflanzanleitung

Gemüseart	Reihen-abstand cm	Pflanzen-abstand cm	Pflanztiefe cm	Ertrag einer 15-m-Reihe
Blumenkohl	0,75	45	Setzling	30 Köpfe
Bohnen (Busch)	0,60	5 - 8	4 - 5	30 - 50 l
Bohnen (Stangen)	0,60	20 - 30	3 - 5	30 - 50 l
Broccoli	0,75	45	Setzling	30 - 40 l
Chinakohl	0,60	30	1	50 Köpfe
Endivien	0,60	20 - 30	0,5	50 - 75 Stück
Erbsen	0,50 - 0,90	5	4 - 5	20 - 40 l
Gurken	1,20	30 - 60	1 - 3	100 -150 Stück
Honigmelonen	1,20	30 - 35	1	75 - 150 Stück
Kohl	0,75	45	Setzling	30 Köpfe
Kohlrabi	0,45 - 0,60	5 -10	1	150 - 300 Stück
Kräuter	0,60	15	0,5	-
Kürbisse	1,80 - 2,40	90 - 120	3	30 - 50 Stück
Mais	0,75 - 0,90	30 - 45	3 - 4	45 - 75 Kolben
Radieschen	0,30	3	0,5	30 - 100 Bund
Gelbe Kohlrüben	0,60	15	0,5	40 kg
Runkelrüben	0,45 - 0,60	3 - 8	1	250 Stück
Grüner Salat	0,45	15	0,5	50 Köpfe
Spinat	0,45	10 - 15	1	70 - 140 l
Tomaten (Stangen)	0,60	45 - 60	Setzling	150 - 300 Stück
Wassermelonen	1,20 - 1,80	30 - 60	3	75 - 100 Stück
Zuckerrüben	0,45 - 0,60	8 - 12	0,5	150 Stück
Zwiebeln	0,45	5 - 8	1	20 - 30 kg

Nehmen Sie sich bei Ihrer Gartenarbeit in allem ein Beispiel an der Natur. Wo der Boden einen hohen Humusgehalt aufweist, d.h. neben mineralischen auch aus **vielen lebenden und toten organischen Stoffen** besteht, bleibt das Bodengefüge ohne jedes Pflügen oder Umgraben erhalten. Die Lockerung übernehmen dann Pflanzenwurzeln und Tiere aller Art, besonders Regenwürmer.

Damit die Tiere und Pflanzen optimal leben können, darf der Boden praktisch nie unbedeckt sein. Sehen Sie sich einmal in der Natur um: Wo nicht Menschen die dringend notwendige Bodenbedeckung verhindern, ist sie auf jedem Fleckchen vorhanden.

Durch grüne Pflanzen, Laub oder Schnee wird die Erde ganzjährig vor Sonne, Wind, Frost und dem direkten Auftreffen von Regentropfen **geschützt**. Machen Sie es genauso: Halten Sie den Boden, für den Sie verantwortlich sind, ständig bedeckt. Wo gerade nichts wächst, legen Sie Stroh, Grasschnitt oder sogar Pappe aus. So wird auch das notwendige Jäten zwischen den Kulturpflanzen auf ein Minimum reduziert.

So empfindlich das Bodenleben auf Wettereinflüsse reagiert, so schlecht wird es auch mit drastischen chemischen Veränderungen fertig. Jedes künstliche Düngen mit löslichen Salzen (künstlich hergestellte Stickstoff- und Phosphorverbindungen usw.) wirken auf die für uns so hilfreichen **Mikroorganismen stark giftig**.

Die Pflanzen können diese Stoffe in der Regel nicht schnell genug aufnehmen, so dass auch noch manches ins Grundwasser gelangt und andernorts Schäden anrichtet, deren Ausmaß kaum überschaubar ist.

Da Sie Pflanzen ernten, d.h. dem natürlichen Kreislauf **Stoffe entnehmen**, müssen Sie natürlich auch aktiv zum Nährstoffgehalt Ihres Bodens beitragen. Hierfür dienen vor allem Mist, Gesteinsmehle und solche Pflanzen, die den Boden mit bestimmten Stoffen anreichern (Lupinen, Klee, Senf usw.) und ihn mit ihren tiefen Wurzeln gleichzeitig lockern.

Für alles, was Sie dem Boden hinzufügen wollen, gilt wieder das Beispiel der Natur: sie veranstaltet nicht einmal oder zweimal im Jahr eine Gewaltkur, sondern führt den Pflanzen ständig **in kleinen Mengen das Notwendige zu.** Verteilen Sie also den Dünger, besonders den etwas extrem wirkenden Mist, nur jeweils schleierdünn auf den Beeten. Führen Sie Buch über alle Ihre Maßnahmen und beobachten Sie die Reaktionen der Pflanzen.

Ganze Kapitel werden in Gartenbüchern dem **Komposthaufen** gewidmet. Doch so verbreitet er in Gärten ist, in der Natur findet man ihn nirgends. Wo aber Stroh, Grasschnitt, Blattabfälle und fast alle anderen organischen Substanzen für die Bodenbedeckung verwendet werden, bleibt für einen Komposthaufen kaum etwas übrig. Kompostiert werden die genannten Stoffe ohnehin, auch wenn man sie auf den Beeten verteilt.

Dazu ist keine jener Chemikalien notwendig, die als Zusatz zum Komposthaufen dringend empfohlen werden. Auch entstehen auf der Fläche nicht wie im Haufen Temperaturen von 60° oder mehr, wodurch viele nützliche Bakterien getötet oder an ihrer Arbeit **gehindert** werden.

So gesehen ist der Komposthaufen sogar äußerst unbiologisch, da in ihm ein völlig unausgewogenes, meist chemikaliendurchtränktes und unlebendiges Nährstoffkonzentrat entsteht, das dem Kunstdünger ähnlicher als dem Humus ist.

Letztlich ist auch der Arbeitsaufwand, erst aus allen Ecken des Gartens etwas zusammenzutragen, auf einen großen Haufen zu werfen, chemisch zu verhätscheln, um es später wieder dorthin zurückzutragen, wo es gleich hätte bleiben sollen, nicht sehr sinnvoll.

Oft hört das naturbezogene Denken bei der **Schädlingsbekämpfung** auf. Was mit Umsicht und Einfühlungsvermögen herangezogen wurde, will man nicht Raupen, Schnecken, Käfern, Maden usw. überlassen. Dabei wird übersehen, dass jeder nennenswerte Schädlingsbefall auf **menschliches Fehlverhalten** zurückzuführen ist. Viele der uns lästigen Tierchen kommen deshalb überhaupt in Massen vor, weil wir andere Tiere ausgerottet oder vertrieben haben, die sich von ersteren ernährten. Mit immer mehr und immer wirksameren Giften versucht der Mensch, dem Schädlingsheer zu begegnen, ohne dauerhaft sein Ziel zu erreichen.

Vielmehr kommt das Gift fast immer dort an, wo es weit mehr Schaden als Nutzen stiftet. So überleben immer weniger Vögel, Igel u.a. in den Gärten. Dabei wiegt ein solches Tier in der Schädlingsbekämpfung jedes Gift auf. Das Ende dieser Entwicklung ist noch nicht abzusehen. Doch lässt sich schon längst erkennen, dass viele der von Menschen hier angerichteten Schäden erst in Jahrhunderten wieder behoben werden können.

Richtiger Pflanzenschutz kommt nicht aus der Tüte. Er muss sich - wie der Gartenbau insgesamt - an der Natur orientieren. In den Garten gehören nicht nur Gemüse und Obst, sondern unbedingt auch Hecken, um Vögeln ein Quartier zu bieten. In der Natur findet man nur an extremsten Standorten eine Monokultur, also eine größere Fläche, auf der nur eine Pflanzenart wächst.

Fast überall herrscht ein buntes Durcheinander unzähliger verschiedener Gewächse, die sich oft gegenseitig Schutz vor Insekten bieten. Wer einen Garten anlegen bzw. bewirtschaften will, sollte sich unbedingt über die Grundlagen der **Mischkultur** informieren, da ohne diese ein naturnaher Gartenbau nicht erfolgreich sein kann.

Anlegen des Gartens

Wenn es irgendwie möglich ist, planen Sie die Anlage des Gartens so, dass große Pflanzen wie Mais, Tomaten und Stangenbohnen an der Nordseite stehen, da sie dort den kleineren Pflanzen nicht die Sonne nehmen. Es ist ratsam, an Hängen Reihen quer zum Gefälle anzubauen, um zu starken Wasserabfluss und Bodenerosion zu vermeiden. Am besten pflanzen Sie Spargel, Rhabarber und andere mehrjährige Pflanzen mit 1 m Abstand zur Grasnarbe an die Außenseite des Gartens.

Setzen Sie die Weinstöcke ins Zentrum und die anderen Stockpflanzen, abgegrenzt durch zwei Reihen frühe Gemüsesorten, an den Seiten der Weinstockfläche daneben. Das Gemüse wird früh abgeerntet und stört bei der Weinlese im Spätsommer nicht.

Ein fast quadratisches Stück Garten ist meist leichter zu bearbeiten als ein langes, schmales. Wechseln Sie, soweit es möglich ist, den Standort der verschiedenen Pflanzenarten von Jahr zu Jahr, damit dem Boden nicht auf längere Zeit dieselben Nährstoffe entzogen werden. Das ist auch besonders wichtig bei Pflanzen wie Kohl und Rüben, um Kohlkrankheiten (Kohlhernie oder Kohlkropf) vorzubeugen. Zwiebeln und Weinstöcke können dagegen Jahr um Jahr auf ihrem Platz stehen bleiben.

Saat und Aussaat

Gute Saat ist Voraussetzung für einen ertragreichen Gemüsegarten. Im Vergleich zum Wert der geernteten Gemüse sind die Kosten für die Samen gering, kaufen Sie also keine billigen. Informieren Sie sich auch über die Möglichkeiten, Samen selbst zu ernten.

Die im Handel befindlichen Sorten sind oft überzüchtet und besonders anfällig gegen Krankheiten und Schädlinge. Achten Sie beim Kauf der Packungen darauf, dass sie nicht vom Vorjahr stammen.

Einige Samenarten sind sehr klein, für den Durchschnittsgarten braucht man auch keine größeren Mengen (30 g Saat enthalten z.B. bei Kohl 8.500 Samen, bei Tomaten 10.000 und bei Sellerie 60.000). Säen Sie genug aus, um einen guten Bestand an Pflanzen zu sichern. Zu dichtes Aussäen verschwendet Samen und erschwert das Versetzen.

Ziehen Sie die Gartenschnur stramm, um den Verlauf der Saatreihe zu markieren. Graben Sie mit einem Holzstab entlang der Schnur eine Rille mit der erforderlichen Tiefe. Achten Sie darauf, dass die Tiefe der Rille einheitlich ist, um gleichmäßiges Keimen zu gewährleisten.

Setzen Sie große Samen wie die von Bohnen und Erbsen einzeln, in den für die Art angegebenen Abständen in die Erde. Streuen Sie feinere Samen wie Karotten und Salat direkt aus der Tüte in die Rille, indem Sie leicht darauf tippend an der Reihe entlanggehen. Drücken Sie die Erde nach dem Säen fest an.

☺ Bauen Sie Gemüsesorten mit unterschiedlichen Erntezeiten an oder säen Sie ein zweites Mal aus, wenn die ersten frühen Gemüse geerntet sind, damit Sie möglichst lange frisches Gemüse zur Verfügung haben.

Wenn die Pflanzen heranwachsen, dünnen Sie sie so aus, dass die in der Tabelle angegebenen Abstände eingehalten werden. Wählen Sie dazu einen bedeckten Tag oder machen Sie es abends, wenn die Erde feucht ist.

Pflege

Beginnen Sie mit dem Auflockern und Jäten, sobald die Reihen der Keimlinge zu sehen sind oder sofort, nachdem die jungen Pflanzen auseinandergesetzt worden sind. Rupfen Sie Unkraut heraus, solange es klein ist, da es sonst dem Boden und damit den Pflanzen Nährstoffe und Feuchtigkeit entzieht.

Jäten unter starker Sonneneinstrahlung zerstört das Unkraut vollständig, aber ziehen Sie größere Unkrautpflanzen nur heraus, wenn der Boden feucht ist, da sonst die Wurzeln der Gemüse austrocknen könnten. Vermeiden Sie das Arbeiten zwischen Kohl- und Bohnenpflanzen, wenn sie nass sind, da Krankheiten übertragen werden können. Um gute Ergebnisse zu erzielen, lockern Sie den Boden ein- bis zweimal in der Woche 3 bis 5 cm tief auf. Legen Sie kleine Pfade durch den Garten an, von denen aus Sie die Beete bearbeiten können.

Umpflanzen

Die Samen von Pflanzen, die später auseinandergepflanzt werden, werden meist im Frühbeet ausgesät. Wenn Sie ein Frühbeet zum Keimen der frühen Pflanzen anlegen wollen, achten Sie darauf, dass es an einem sonnigen Platz, am besten an der Südseite eines Gebäudes liegt, das ihm Windschutz gewährt. Das Frühbeet kann mit Pferdemist warm gehalten werden.

Mistbeet

Graben Sie einen Schacht von 60 cm Tiefe und füllen Sie ihn mit Mist. Wenn Sie das Mistbeet an der Oberfläche haben möchten, graben Sie das Bett für den Mist 15 bis 20 cm breiter und schichten sie ihn 60 bis 75 cm hoch auf, abhängig davon, wann Sie anfangen. Bauen Sie den Rahmen für das Mistbeet aus Brettern mit 30 cm Höhe an der Rückseite und 20 cm an der Vorderseite, um dem Glas Gefälle zu geben. Nageln Sie die Bretter zusammen und bringen Sie drei 5 x 10 cm Vierkanthölzer an, die das Glas nachher halten.

Lassen Sie den Mist 5 bis 6 Tage im Beet, bevor Sie ihn umgraben. Wässern Sie trockenen Mist, um zu starke Wärmeentwicklung zu vermeiden. Stampfen Sie ihn fest, damit keine Hohlräume darin bleiben.

Legen Sie die Glasscheiben für ein paar Tage auf, nehmen Sie sie dann noch einmal herunter, damit die Gase, die sich beim ersten starken Erhitzen bilden, entweichen können. Wenn die Temperatur im Mistbeet auf 27°C abgekühlt ist, setzen Sie die Saat in flachen Holzkisten hinein oder säen direkt - dann allerdings 15 cm tief - in die Erde. Setzen Sie die Kisten auf schmale, durch das Beet verlaufende Bretter. In Frostnächten bedecken Sie die Rahmen am besten mit Stroh, da die Kisten wenig Bodenwärme haben.

Wegen des begrenzten Luftraums im Beet wird es an sonnigen Tagen schnell heiß darin. Manche Pflanzen tragen bei zu starker Hitze leicht Schaden davon. Schieben Sie deshalb die Fenster ein paar Zentimeter weit auf, je nach Temperatur und Pflanzenart. Tomaten können Hitze wesentlich besser vertragen als Kohl.

Wässern Sie die Pflanzen regelmäßig, vermeiden Sie aber einen zu hohen Feuchtigkeitsgrad, da sich sonst Pilze bilden. Im Allgemeinen wässert man mittags, damit der Boden und die Luft trocknen können, bevor das Beet über Nacht verschlossen wird.

Frühbeet

Das Frühbeet ist eine ausgezeichnete Zwischenstufe für die Gemüsepflanzen. Setzen Sie sie vom Mistbeet aus in das Frühbeet um, damit sie auf das Auspflanzen in den Garten vorbereitet werden. Das Frühbeet wird in gleicher Weise gebaut wie das Mistbeet, aber direkt auf dem Boden errichtet. Wenn es rechtzeitig fertig ist und gute Erde enthält, können frühe Pflanzen gut darin gezogen werden. Verschließen Sie sie mit Stroh, um einen zu großen Wärmeverlust über Nacht zu vermeiden.

Ich verwende 30 x 50 cm große Kisten mit 8 cm hohen Seitenwänden; Breitseiten aus 1,5 cm starkem Holz, Längsseiten und die Bodenbretter aus 0,5 cm starkem Holz. Lassen Sie schmale Abstände zwischen den Bodenbrettern, damit Wasser abfließen kann. Ich baue alle Kisten in derselben Größe, so dass sie leicht verschoben oder ausgewechselt werden können. Sie können jahrelang benutzt werden, wenn sie nach Gebrauch an einem trockenen Platz aufbewahrt werden.

Kräutergarten

Viele der bekannten Gewürzkräuter sind leicht auf fast allen Böden zu ziehen, aber sie gedeihen im Allgemeinen am besten auf sandigem Lehmboden und brauchen viel Sonne. Ein paar Pflanzen genügen vollkommen für den Hausgarten. Die Samen sollten in den ersten Frühlingstagen ausgesät werden. Später werden die Pflanzen auf 15 cm Abstand verzogen.

Unter den bekanntesten und leicht zu ziehenden Kräutern sind sowohl einjährige (Anis, Basilikum, Koriander, Kresse, Dill und Bohnenkraut) als auch mehrjährige (Schnittlauch, Salbei und Thymian). Mit Ausnahme des Korianders können alle Kräuter frisch verwendet werden, man schneidet die Blätter und in einigen Fällen die zum Teil entwickelten Blütenbüschel.

Die Blätter und Spitzen von Dill werden geschnitten, wenn die Früchte reif, aber noch grün sind. Salbei sollte geschnitten werden, bevor er zu blühen beginnt; die Blätter können frisch oder getrocknet verwendet werden. Für Kresse gilt das gleiche.

Thymian, Bohnenkraut und Basilikum werden, wenn sie getrocknet werden sollen, in der ersten Blütezeit geschnitten. Anis und Koriander werden zum Trocknen geschnitten, wenn die ersten Samen braun werden. Schnittlauch kann man jederzeit frisch verwenden.

Pflanzen, die man trocknen will, sollten im Herbst vor schweren Regengüssen hereingeholt werden, da sie sonst brechen und im Sand liegen. Sie werden gebündelt und in einem gut gelüfteten Raum getrocknet, um das Aroma so gut wie möglich zu erhalten. Das gilt besonders für die weichblättrigen Arten, da sie in der Sonne ihre Farbe verlieren.

Spargel

Einjährige Pflanzen eignen sich am besten zum Auspflanzen ins Spargelbeet. Die Pflanzen können in einer Gärtnerei gekauft oder selber gezogen werden. Die Samen werden in den ersten Frühlingstagen in Reihen mit 40 cm Abstand ausgesät.

Legen Sie sie vor der Aussaat 2 bis 3 Tage in warmes Wasser (27 bis 32°C), säen sie dann mit 5 cm Abstand in die Reihen und bedecken sie mit einer 3 cm dicken Erdschicht. Die Pflanzen laufen nach 2 bis 3 Wochen auf. Verziehen Sie sie auf 10 cm Abstand in der Reihe.

Pflanzen Sie den Spargel zu Beginn des Frühlings in 1,20 bis 1,50 m voneinander entfernten Reihen. Wählen Sie starke, frische Wurzeln aus und setzen Sie sie mit 50 cm Abstand in tiefe Furchen in die Erde, so dass die Spitzen 15 cm unter der Oberfläche des Erdwalls liegen. Füllen Sie den Graben, während die Pflanzen wachsen, nach und nach auf.

Im ersten Jahr sollte der Spargel gar nicht geschnitten werden, **im zweiten Jahr** nur ganz wenig, nicht länger als zwei Wochen. In den folgenden Jahren können Sie 6 bis 7 Wochen, bis in den frühen August ernten. Dann sollte man aber ganz aufhören, damit sich die Pflanzen auf den Winter vorbereiten können.

Ernten Sie Spargel, indem Sie ein scharfes Messer in die Erde direkt unter die Spitze drücken und ca. 3 cm unter der Erdoberfläche schneiden. Spargelspitzen sollten einen Durchmesser von 1 cm haben und mindestens 15 cm lang sein.

Rhabarber

Man kann aus Rhabarbersamen Pflanzen ziehen und im zweiten Jahr nach der Aussaat ernten, aber solche Pflanzen unterscheiden sich im Wachstum, in der Farbe und der Qualität. Die besseren Arten kann man vermehren, indem man die Pflanzen so teilt, dass an jedem Stück ein Auge und eine Wurzel ist. Bereiten Sie den Boden gründlich und tief vor, die Pflanzen brauchen außerdem viel Dünger.

Pflanzen Sie sehr früh im Frühling die Pflanzen in 1,20 m Abstand aus. Die Augen sollten auf Höhe der Bodenoberfläche sein. Stören Sie die Pflanzen nicht durch tiefes Harken. Nach dem Anbau im Frühling müssen Sie nur noch Unkraut jäten. Geschnittenes Gras kann als Abdeckung für die Pflanzen verwendet werden.

Im ersten und möglichst auch im zweiten Jahr sollte nicht geerntet werden, damit sich gute Kronen für zukünftige Ernten bilden können. Frühes Wachstum im Frühling hängt weitgehend von dem Nährstoffvorrat in der Wurzel ab - man sollte deshalb im Herbst nicht zu viele Stängel herausziehen und Verletzungen der Blätter vermeiden. Entfernen Sie die alten Pflanzen, bevor sie neu aussäen.

Ernten und bewahren

Nach der harten Arbeit im Sommer müssen die Erträge, die Sie so sorgfältig herangezogen haben, gut gelagert und konserviert werden, damit sie während der Wintermonate nicht verderben. Wenn Ihre Farm nicht ans Stromnetz angeschlossen ist, müssen Sie auf die Konservierungsmethoden der alten Siedler zurückgreifen.

Lagern von Gemüse und Obst

Als Erstes werden Sie bestimmen müssen, wo und wie die verschiedenen Erzeugnisse gelagert werden. Grüne Erbsen, Limabohnen, Mais, Spargel und grüne Gemüse wie Spinat, Mangold und Salat sind leicht verderblich. Weniger leicht verderben Broccoli, Blumenkohl, späte Kohlsorten und Zwiebeln. Diese Sorten können in Einmachgläsern an einem kühlen, aber frostfreien Platz gelagert werden.

Am besten halten sich Kartoffeln, Zuckerrüben, Runkelrüben, Karotten, Kürbis, Sellerie und die Früchte aus dem Obstgarten wie Äpfel, Pfirsiche, Kirschen und alle wilden und gezüchteten Beerenarten.

Wurzelkeller

Obst und Gemüse muss sachgerecht gelagert werden, wenn es sich halten soll. Als Lagerraum eignet sich ein sog. Wurzelkeller noch immer am besten. Bereiten Sie ihn schon vor der Ernte vor. Bevor Sie anfangen, ihn auszuheben, beachten Sie die folgenden, grundsätzlichen Richtlinien:

Der Wurzelkeller sollte nahe am Wohnhaus liegen. Denken Sie daran, dass Sie ihn auch bei kältestem Wetter und tiefem Schnee erreichen müssen. Ein Erdfußboden eignet sich am besten, es ist sehr wichtig, dass das Wasser gut abfließen kann. Der Keller sollte so belüftet sein, dass man die Luftzufuhr regeln und, wenn nötig, die Schächte auch verschließen kann. Er muss vor allem selbst bei kältester Witterung frostfrei sein. Es ist ratsam, Doppeltüren mit mindestens 1,20 m Abstand anzubringen, so dass Sie die Außentür hinter sich schließen können, bevor die Innentür geöffnet wird. Die Temperatur sollte möglichst gleichmäßig 2°C betragen, eine Luftfeuchtigkeit von 85 % ist ideal.

Bauen Sie den Keller so groß, dass Sie genügend Platz für die Behälter mit dem Knollengemüse, für Regale und für die Fässer mit eingelegtem Rind- und Schweinefleisch haben. Ein 2,50 m x 3,50 m großer Raum bietet ausreichend Platz für die Vorräte einer zweiköpfigen Familie.

Die Wände können aus beliebigem Baumaterial errichtet werden, z.B. aus Zedernholz, das die frühen Siedler zu diesem Zweck verwendeten. Sie stellten die Wände aus Doppelreihen von Zedernholzstämmen her und füllten den Zwischenraum mit Sägespänen.

Nachdem Mauern und Dach aus dem jeweiligen Baumaterial errichtet sind, schütten Sie außen an den Wänden und auf dem Dach Erde bis zu einer Höhe von mindestens einem Meter auf. Bedecken Sie die Schicht mit Grassoden oder säen Sie Gras darauf aus, sobald Sie mit dem Planieren fertig sind. Das Gras saugt Regen auf und hält so den Keller trockener. Ich habe die Erfahrung gemacht, dass lose Holzbretter als Fußboden am praktischsten sind, da man sie im Sommer herausnehmen und in der Sonne trocknen kann.

Behälter für Kartoffeln und andere Knollengemüse sollten zum Schutz vor Ungeziefer mit Metall ausgekleidet und mit trockenem Torf gefüllt sein. Ich erwerbe schon im Frühsommer einige Ballen Torf und verteile ihn auf einer Plastikplane, damit er den Sommer über trocknen kann. Wenn die Kartoffeln eingelagert werden, streue ich so viel Torf dazwischen, dass sie sich nicht berühren. Dasselbe gilt für Karotten, Runkelrüben, Zuckerrüben, Kürbis und Sellerie.

Konservierung von Obst und Gemüse

Zwei Gegenstände, die ihren Preis während der Erntezeit in Gold aufwiegen, sind ein Büchsenverschweißer und ein 20-l-Wecktopf mit einem Thermometer. Organismen, die das Verderben der Nahrungsmittel verursachen, sind immer in der Luft, in der Erde und im Wasser vorhanden, genau wie die Enzyme, die Veränderung im Geschmack, in der Farbe und in der Konsistenz von rohem Obst und Gemüse hervorrufen. Um die unerwünschten Bakterien loszuwerden, muss man die Nahrungsmittel bis zu einer Temperatur erhitzen, bei der sie absterben. Nur so kann man die Produkte über längere Zeit haltbar machen. Der Wecktopf ist ein einfacher und sicherer Weg, die für die Zerstörung der Bakterien erforderliche Temperatur zu erreichen.

Wenn Sie Einmachgläser benutzen, achten Sie darauf, dass sowohl Gläser wie Deckel in bester Verfassung (ohne Sprünge und abgeschlagene Stellen) sind. Tauschen Sie Weckringe jedes Mal gegen neue aus. Sterilisieren Sie die Gläser, bevor sie gefüllt werden.

Wenn Sie Weißblechbüchsen verwenden, sollten Sie für Rüben, rote Beeren, rote und schwarze Kirschen, Pflaumen, Kürbis und Rhabarber beschichtete Dosen nehmen. Für alle anderen Früchte und Gemüse eignen sich auch unbeschichtete Dosen.

Konservieren von Fleisch

Kühltruhen haben die Vorbereitungs- und Konservierungsmethoden der auf den Farmen hergestellten Produkte verändert. Wenn Sie aber in der Wildnis nicht an ein Stromnetz angeschlossen sind, müssen Sie die Annehmlichkeiten einer Kühltruhe vergessen und hausgemachte Produkte auf die althergebrachte Art konservieren. Nach meiner Meinung sind die altbewährten Methoden nicht nur ökonomischer, die Nahrungsmittel schmecken auch besser.

Es gibt mindestens acht grundsätzliche Methoden, Fleisch zu konservieren:

- ▷ Trocken einsalzen
- ▷ Pökeln
- ▷ Räuchern
- ▷ Dörren
- ▷ Einlegen
- ▷ Lagerung in Steingut
- ▷ In Schmalz einlegen
- ▷ Natürliches Einfrieren

Alle Fleischsorten (Schwein, Kalb, Rind, Lamm, Geflügel und Wild) können grundsätzlich mit jeder dieser Konservierungsarten gelagert werden.

Schinken - Vorbereiten und Räuchern

Hängen Sie frische Schinken für 7 bis 10 Tage auf. Je länger sie hängen, desto zarter wird das Fleisch. Die Dauer des Abhängens bestimmt das Wetter, denn wenn es warm ist, verderben die Schinken schneller.

Mischen Sie für jeden Schinken 1 Tasse grobes Salz mit 30 g Salpeter und 1 Esslöffel Melasse. Erhitzen Sie die Mischung und reiben Sie die Schinken damit ein, bis sie aufgebraucht ist. Lassen Sie die Schinken 2 bis 3 Tage in einem Fass liegen. Bereiten Sie eine Lake (Salzwasserlösung) vor, die so stark ist, dass ein Ei darauf schwimmt. Gießen Sie die Lake über die Schinken und lassen Sie sie so 3 Wochen stehen.

Dann werden die Schinken herausgenommen und in kaltem Wasser getränkt. Hängen Sie sie 8 bis 10 Tage zum Trocknen auf. Räuchern Sie die Schinken 3 bis 5 Tage. Achten Sie darauf, sie nicht zu erhitzen (Apfel- oder Hickorynussbaumholz gibt ihnen einen ausgezeichneten Geschmack).

Danach nähen Sie sie in Tuchbeutel und weißen die Beutel. Legen Sie die Schinken in pulverisierte Holzkohle in ein Eichenholzfass. Sie sollten gut mit Holzkohlenstaub bedeckt sein und sich nicht berühren.

Index